1 Die Klasse 9a hat eine Verkehrszählung vor der Tanneckschule durchgeführt.
In der Tabelle fehlen einige Zahlen. Das Diagramm ist nicht vollständig gezeichnet.

Uhrzeit	14–15	15–16	16–17	17–18	Gesamtzahl
Pkw	67	78			
Busse/Lkw		38	52		
Motorräder	25			38	

a) Prüfe, ob die Zahl der Pkw zwischen 14 Uhr und 15 Uhr richtig dargestellt wurde.

b) Lies die Zahlen im Säulendiagramm ab und trage sie in die Tabelle ein.

c) Zeichne die fehlenden Säulen zu den Werten in der Tabelle.

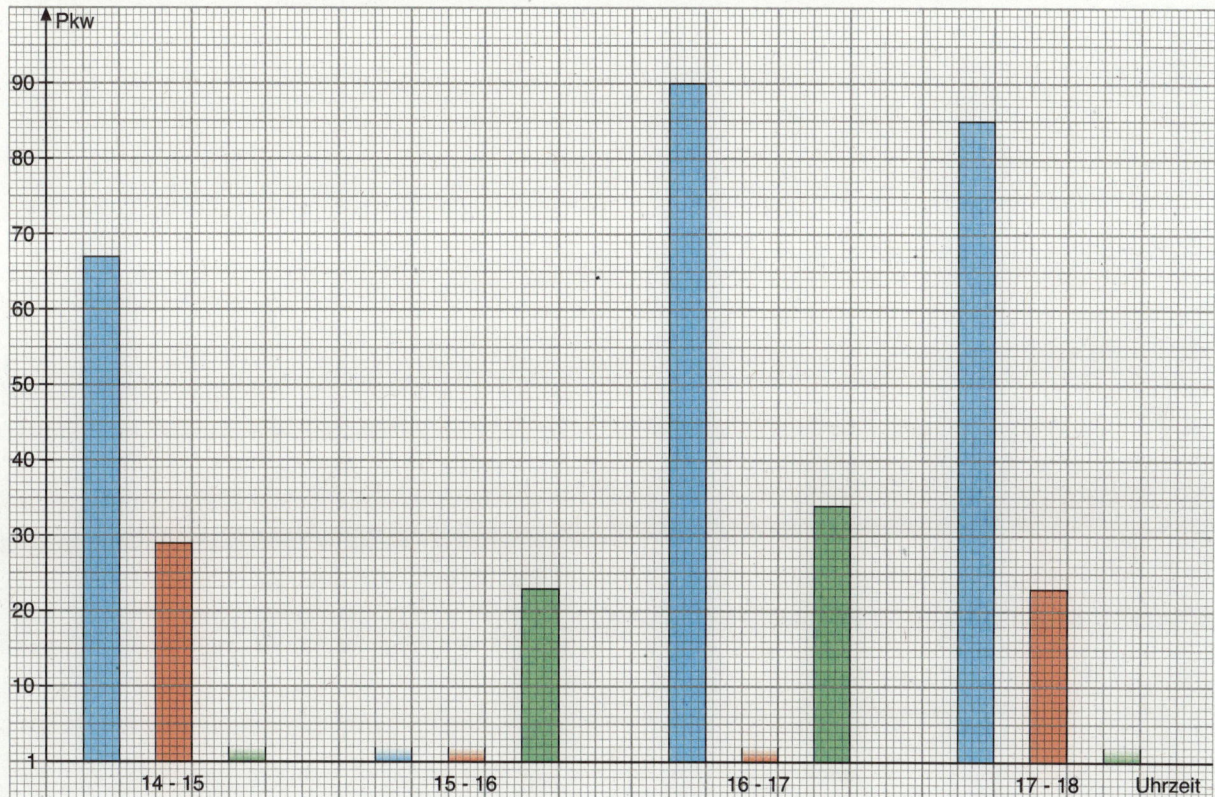

2 Stimmt die Aussage? Kreuze an.

○ Die meisten Pkw wurden zwischen 16 Uhr und 17 Uhr gezählt.

○ Die Gesamtzahl der Pkw zwischen 14 Uhr und 18 Uhr war kleiner als 200.

○ Zwischen 14 Uhr und 15 Uhr waren es doppelt so viele Pkw wie Busse und Lkw.

○ Die Gesamtzahl aller Fahrzeuge zwischen 14 Uhr und 18 Uhr war kleiner als 700.

3 Zeichne ein Säulendiagramm zu den Gesamtzahlen für Pkw, Busse/Lkw und Motorräder.

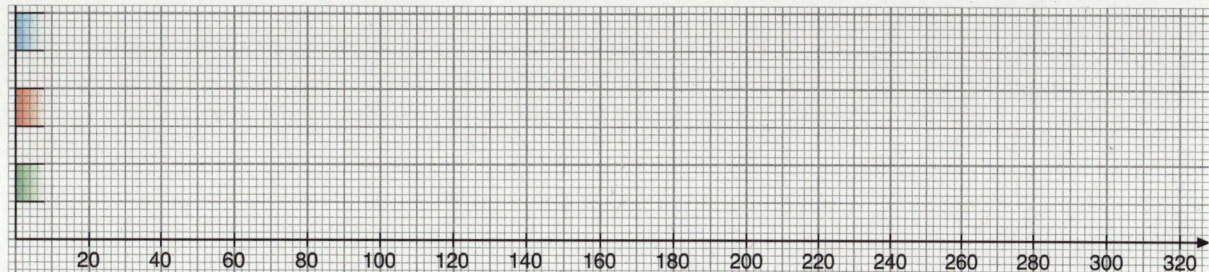

1 In der Tabelle stehen die Zahlen der Verkehrszählung am Mittwoch.

a) Wie viele Fahrzeuge wurden insgesamt gezählt? Trage ein.

b) Nur in einem der drei Kreisdiagramme sind die Anteile der Fahrzeugarten richtig dargestellt. Färbe die Teile dieses Diagramms passend zu den Fahrzeugarten.

Pkw	600
Busse/Lkw	150
Motorräder	250
Fahrzeuge insgesamt	

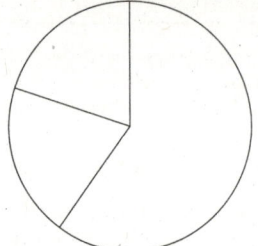 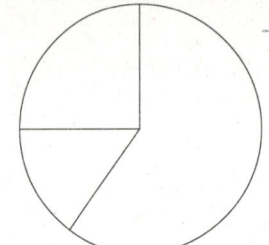 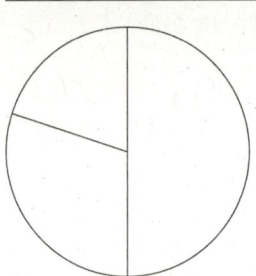

2

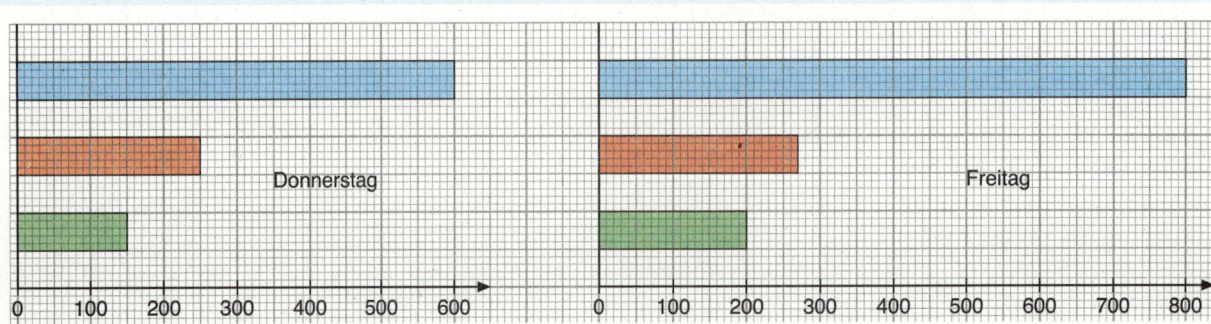

Donnerstag

Freitag

In den beiden Säulendiagrammen sind die Zahlen für Donnerstag und Freitag dargestellt.

a) Lies ab, wie viele Fahrzeuge es jeweils waren. Trage die Zahlen in die Tabelle ein.

b) Trage für jeden Tag die Gesamtzahl der Fahrzeuge in die Tabelle ein.

	Do	Fr
Pkw		
Busse/Lkw		
Motorräder		
Fahrzeuge insgesamt		

c) Die Kreisdiagramme und Streifendiagramme für Donnerstag und Freitag sind durcheinandergeraten. Schreibe zu jedem Diagramm den zugehörigen Wochentag.

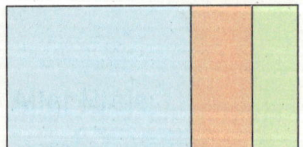 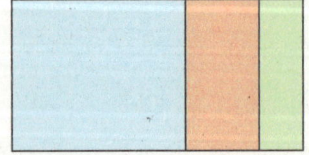  

_____ _____ _____ _____

d) Welches Diagramm hilft dir eher bei der Beantwortung folgender Fragen? Kreuze an.

	Säulendiagramm	Kreisdiagramm	Streifendiagramm
Waren am Donnerstag ein Viertel der Fahrzeuge Busse oder Lkw?			
Waren an jedem Tag mehr als die Hälfte der Fahrzeuge Pkw?			
Wurden am Donnerstag weniger als 200 Motorräder gezählt?			

1 Die Kugeln in dem Gefäß unterscheiden sich nur durch die Farbe.
Leonie nimmt mit verbundenen Augen gleichzeitig zwei Kugeln heraus.
Ist das Ereignis sicher, möglich oder unmöglich?
Kreuze an.

	sicher	möglich	unmöglich
Leonie hat zwei blaue Kugeln.			
Leonie hat zwei Kugeln mit verschiedenen Farben.			
Leonie hat eine rote und eine grüne Kugel.			
Leonie hat von jeder der drei Farben eine Kugel.			
Die übrigen Kugeln sind rot.			
Die übrigen Kugeln haben nicht alle die gleiche Farbe.			

2 Kemal würfelt mit einem grünen und einem roten Würfel. Er addiert die gewürfelten Zahlen.

a) Welche Summen sind möglich? Kreuze an.

1	2	3	4	5	6	7	8	9	10	11	12	13	14	15

b) Ist das Ereignis beim Würfeln mit zwei Würfeln sicher, möglich oder unmöglich? Kreuze an.

	sicher	möglich	unmöglich
Die Summe ist kleiner als 13.			
Die Summe ist eine ungerade Zahl.			
Die Summe gehört zur Fünfer-Reihe.			
Die Summe gehört zur Dreier- und zur Fünfer-Reihe.			
Die Summe gehört zur Zweier- und zur Dreier-Reihe.			
Die Summe ist größer als 1.			

3 Auf dem Jahrmarkt möchte Anna ein Los ziehen. Bei welchem Losverkäufer sollte sie das Los ziehen, damit sie mit möglichst großer Wahrscheinlichkeit ein Gewinnlos bekommt? Begründe deine Antwort.

_____

_____

_____

1

| Dreieckssäule | Kegel | Kugel | Pyramide | Quader | Zylinder |

○ _____   ○ _____   ○ _____   ○ _____

○ _____   ○ _____   ○ _____   ○ _____

a) Die Namen der Körper stehen über den Bildern. Benenne die Körper.

b) Fünf der Körper sind Säulen. Kreuze an.

2 Kreuze die richtigen Aussagen an.

○ Jeder Zylinder hat 3 Kanten.

○ Jeder Quader hat 6 Flächen.

○ Es gibt Dreieckssäulen mit 3 Flächen.

○ Jede Dreieckssäule hat rechteckige Flächen.

○ Jeder Würfel ist ein besonderer Quader.

○ Jeder Zylinder hat 3 Flächen.

○ Jeder Quader hat 8 Ecken.

○ Bei jeder Säule sind die Grundfläche und die Deckfläche gleich.

3 Welche Säule ist gemeint?

a) Die Säule hat 6 Ecken.   _____

b) Die Säule hat keine Ecken.   _____

c) Die Säule hat 5 Flächen.   _____

d) Die Säule hat 12 Kanten.   _____

e) Die Säule hat 2 Kanten.   _____

f) Alle Flächen der Säule sind Rechtecke.   _____

1 Berechne das Volumen.

a)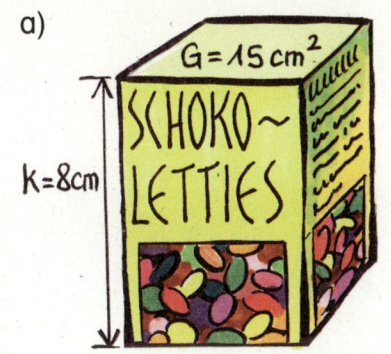

V = G · k

V = _____

V = _____ cm³

b)

V = _____

V = _____

V = _____

c)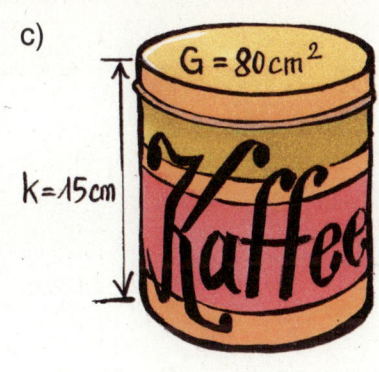

V = _____

V = _____

V = _____

2 Berechne den fehlenden Wert für die Säule.

	a)	b)	c)	d)	e)	f)
Grundfläche G	40 cm²	250 cm²	7 cm²		30 cm²	65 cm²
Körperhöhe k	30 cm	20 cm		6 cm		
Volumen V			77 cm³	540 cm³	270 cm³	195 cm³

3 Berechne das Volumen.

a)

V = G · k

V = _____

V = _____ cm³

G = a · b

G = _____

G = _____ cm²

b)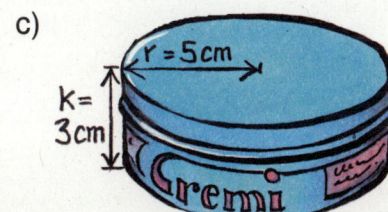

V = _____

V = _____

V = _____

c)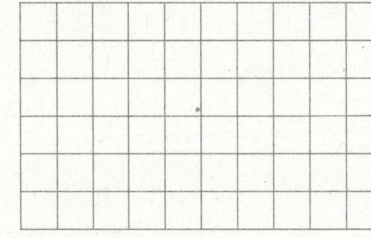

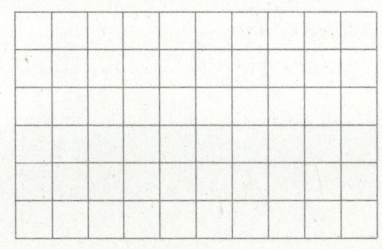

V = _____

V = _____

V = _____

4 Was stimmt? Kreuze an.
Wenn man die Grundfläche einer Säule nicht verändert, aber ihre Körperhöhe verdoppelt, wird ihr Volumen ◯ zweimal so groß, ◯ dreimal so groß, ◯ viermal so groß.

1 Berechne die Oberfläche.

a)

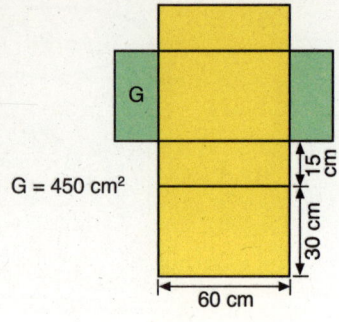

G = 450 cm²

60 cm   30 cm   15 cm

O = 2 · G + M

O = _____

O = _____

b)

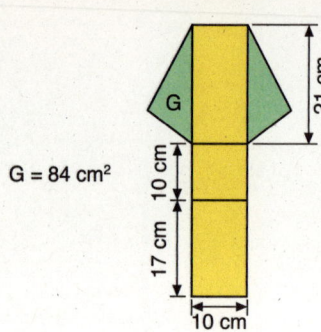

G = 84 cm²

21 cm   10 cm   17 cm   10 cm

O = _____

O = _____

O = _____

c)

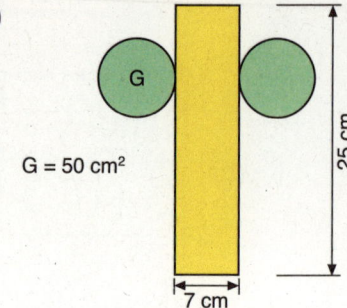

G = 50 cm²

25 cm   7 cm

O = _____

O = _____

O = _____

2 Färbe die Grundfläche und die Deckfläche. Dann berechne die Oberfläche der Säule.

a)

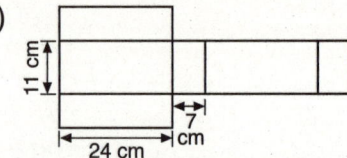

11 cm   24 cm   7 cm

O = 2 · G + M

O = _____

O = _____ cm²

G =

M =

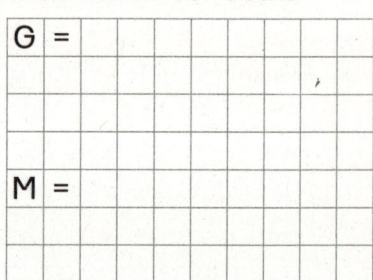

b)

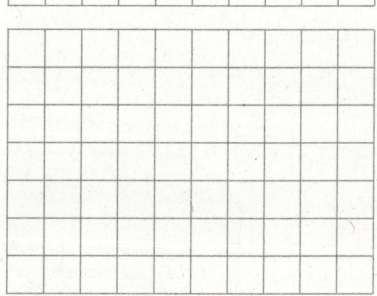

30 cm   10 cm   8 cm   12 cm   10 cm

O = _____

O = _____

O = _____

c)

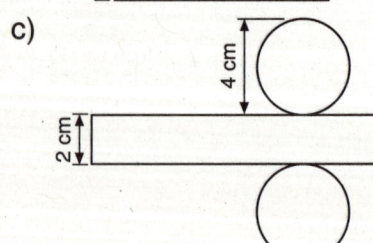

4 cm   2 cm

O = _____

O = _____

O = _____

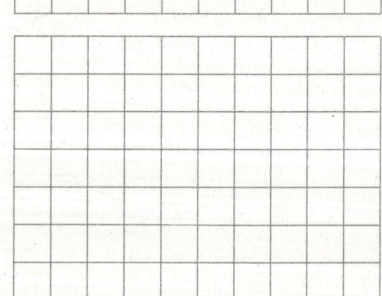

3 Berechne die Oberfläche der Säule.

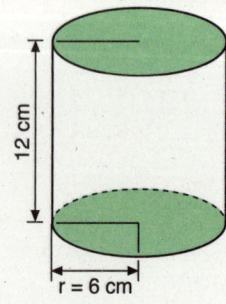

12 cm   r = 6 cm

O = _____

O = _____

O = _____

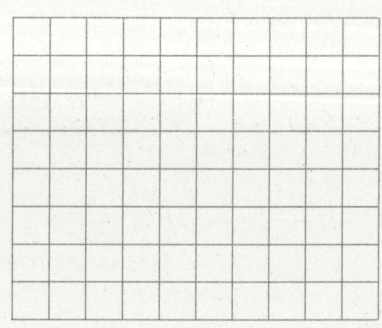

1 Das Werkstück ist aus 2 Körpern zusammengesetzt.
Berechne das Volumen des zusammengesetzten Körpers.

a)

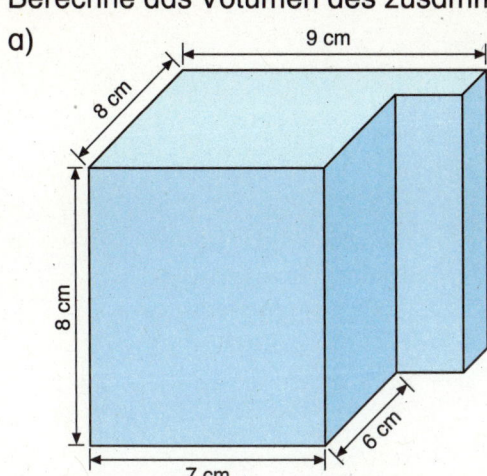

V = _____ cm³

b)

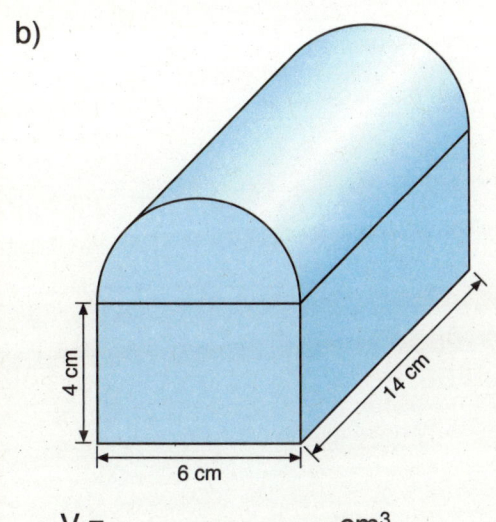

V = _____ cm³

2 Aus dem Zylinder wurde ein Teil herausgebohrt. Berechne das Volumen des Restkörpers.

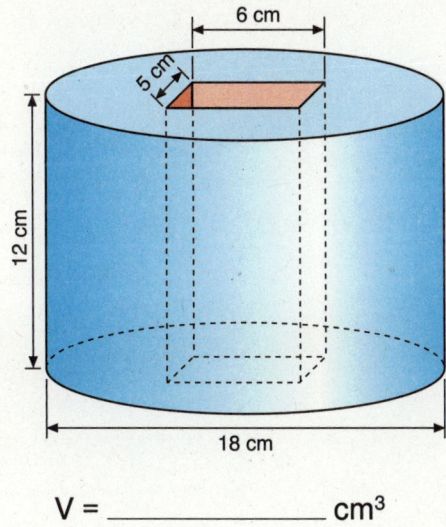

V = _____ cm³

1 Die Klasse 9 verkauft beim Schulfest Blumenschmuck. Vervollständige die Tabelle und das Schaubild.

Blumenschmuck	
Stück	€
1	
2	12
3	
4	
5	30
6	
7	

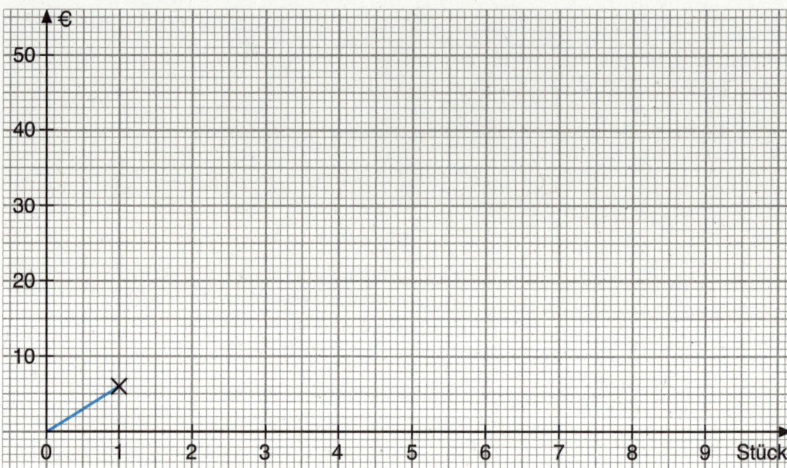

2 Berechne die fehlenden Preise.

a)

Tulpen	
Stück	€
1	0,40
4	

b)

Nelken	
Stück	€
1	0,45
10	

c)

Rosen	
Stück	€
2	1,30
4	

3 a)

Sonnenblumen	
Stück	€
3	2,40
1	

b)

Orchideen	
Stück	€
5	7,50
1	

c)

Astern	
Stück	€
6	1,80
3	

4 Am Nachmittag werden 10 Rosen für 3 € verkauft. Frau Geers kauft 15 Rosen.

F: _____

A: _____

Stück	€

5 a)

Geranien	
Stück	€
6	4,20
1	
5	

b)

Begonien	
Stück	€
7	6,30
1	
10	

c)

Lilien	
Stück	€
3	1,80
1	
8	

6 Fünf Topfblumen kosten 10,50 €. Herr Kempen kauft vier Topfblumen.

F: _____

A: _____

Stück	€

1 Je mehr Personen mithelfen, desto schneller sind die Arbeiten erledigt. Vervollständige die Tabelle. Prüfe, ob die Werte zu den markierten Punkten im Schaubild passen.

Arbeitsdauer

Personen	min
1	60
3	20
4	
	12
	10

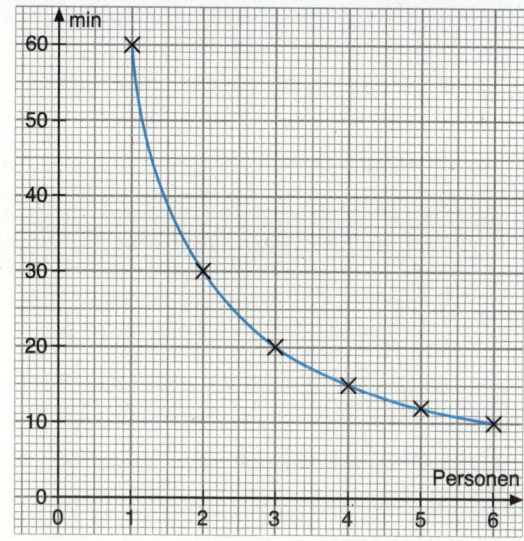

2 Wie lange dauert die Arbeit?

a)

Blumen umtopfen

Personen	min
1	90
3	

· 3 ↓   ↓ : 3

b)

Sträuße binden

Personen	min
1	240
4	

· ↓   ↓ : _

c)

Stand aufbauen

Personen	min
1	120
6	

3 a)

Wechselgeld zählen

Personen	min
2	40
1	

: 2 ↓   ↓ · 2

b)

Preise kennzeichnen

Personen	min
4	50
1	

: ↓   ↓ · _

c)

Aufräumen

Personen	min
8	90
4	

4 Vier Schüler können die Plakate in 40 Minuten aufhängen. Es stehen aber nur zwei Schüler zur Verfügung.

F: _____

A: _____

Schüler	min

5 a)

Blumen wegräumen

Personen	min
6	20
1	
4	

: 6 ↓   ↓ · 6
· 4 ↓   ↓ : 4

b)

Stand abbauen

Personen	min
4	30
1	
10	

: ↓   ↓ · _
· ↓   ↓ : _

c)

Abrechnen

Personen	min
3	50
1	
5	

6 Für das Aufräumen am Ende des Schulfestes würden 6 Schüler 50 Minuten benötigen. Insgesamt helfen aber 10 Schüler mit.

F: _____

A: _____

Schüler	min

1 Ist die Zuordnung proportional (p) oder umgekehrt proportional (u)?
Kreuze an.

	p	u
a) Im Baumarkt kosten 2 Heizkörper 406 €. Wie viel Euro kosten 5 Heizkörper?		
b) Um Steine zur Baustelle zu bringen, müssen 3 Lkw je 4-mal fahren. Es können aber nur 2 Lkw eingesetzt werden. Wie oft muss jeder Lkw fahren?		
c) Die Pflastersteine können von 4 Handwerkern in 5 Stunden verlegt werden. Wie viele Stunden benötigen 2 Handwerker für diese Arbeit?		
d) In 2 Stunden verdient Ela 15 €. Wie viele Stunden muss Ela arbeiten, um doppelt so viel Geld zu verdienen?		
e) Mit 10 l Farbe kann eine Fläche von 30 m² gestrichen werden. Für wie viel m² reicht die Hälfte der Farbe?		

2 Ist die Zuordnung proportional oder umgekehrt proportional?
Trage ein, dann berechne die fehlenden Größen.

a)

Pflastern	
Arbeiter	min
2	50
1	
5	

b)

Randsteine	
Stück	kg
9	45
1	
6	

c)

Bagger	
Anzahl	h
7	12
1	
4	

3

F: Wie viel Euro zahlt Herr Schwering für das Ausleihen der Motorsäge?

A: _____

4

F: Wie viele Bagger werden benötigt, um die Arbeit in 5 Stunden zu beenden?

A: _____

1

Im Tierpark leben 40 Tiere.
Außer dem normalen Futter bekommen alle Tiere zusammen täglich 60 kg Spezialfutter. 1 kg dieses Futters kostet 9,80 €.
Die Reinigung der Ställe dauert jeden Tag 4 Stunden. Für diese Arbeit sind 5 Personen zuständig.
Zum Füttern der Tiere benötigen 3 Personen jeden Tag 2 Stunden.

a) F: Wie viel Euro kosten 60 kg Spezialfutter?

   A:_____

b) F: Wie viel kg Futter werden für 10 Tiere benötigt?

   A: _____

c) F: Wie viel Stunden benötigt eine Person für die Fütterung?

   A: _____

d) F: Wie viel Stunden benötigen 2 Personen zum Reinigen der Ställe?

   A: _____

2 Vervollständige die Tabelle.

a) Arbeiter

Anzahl	1	2	3	5	10	15
min	480	240				

b) Futter

kg	1	2	3	5	10
€	6,50			32,50	

3 Im Kopf oder schriftlich?

a)

Einzäunen	
Personen	min
3	60
6	

b)

Füttern	
Personen	min
15	8
2	

c)

Düngen	
Personen	min
1	24
4	

4 Die Leiterin eines Tierparks hat berechnet, dass der Futtervorrat für 5 Tage reicht, wenn 20 Tiere versorgt werden müssen. Überraschend müssen neue Tiere aufgenommen werden, so dass 25 Tiere zu versorgen sind.

F: _____

A: _____

1 Berechne die fehlenden Werte.

a)

Silber	
cm³	g
2	21
1	
4	

b)

Zink	
cm³	g
5	35,5
1	
8	

c)

Styropor	
cm³	g
10	0,3
5	
15	

d)

Benzin	
cm³	g
20	13,8
2	
12	

2 In einem Blumenhaus wird an jedem Tag 6 Stunden lang Blumenschmuck hergestellt.
Für die Anfertigung eines bestellten Blumenschmucks braucht eine Person 30 Stunden.

a) Vervollständige die Tabellen.

b) Eine der Tabellen gehört zu einer proportionalen Zuordnung.
Erstelle das zugehörige Schaubild.

Tage	h
1	6
2	12
3	
4	
5	
6	

Personen	h
1	30
2	15
3	
4	
5	
6	

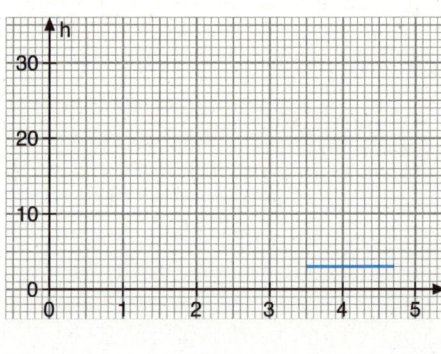

3 Die Klasse 9 hat Rosen für den Verkauf auf dem Schulfest besorgt. Daraus sollten 20 Sträuße mit jeweils 7 Rosen gebunden werden. Die Nachfrage ist aber so groß, dass stattdessen Sträuße mit je 5 Rosen gebunden werden.

F: _____

A: _____

4 Die Kerzen brennen gleichmäßig ab.
In den Schaubildern ist die Zuordnung
Zeit → Kerzenhöhe dargestellt.
Schreibe unter jedes Schaubild die Nummer der zugehörigen Kerze.

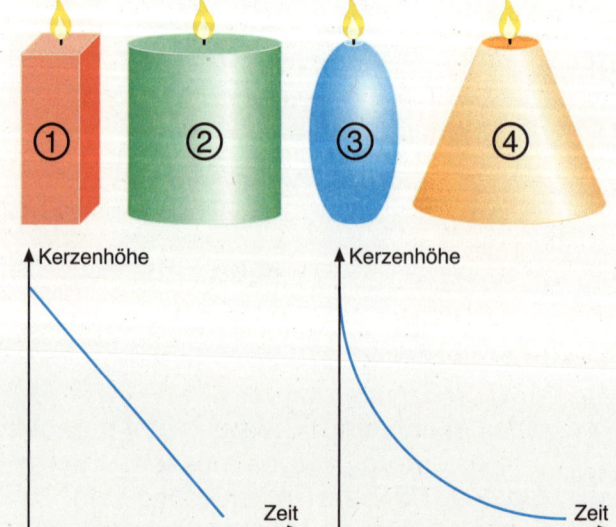

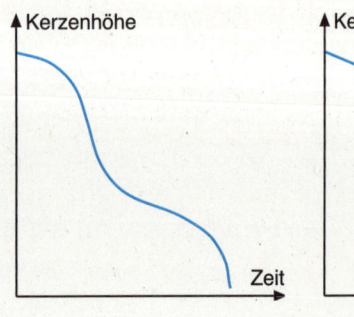

Kerze _____   Kerze _____   Kerze _____   Kerze _____

Gleichungen
Lösen von Gleichungen

1 Das unbekannte Gewicht x wird mit der Waage bestimmt.
Vervollständige den Lösungsweg für die zugehörige Gleichung.

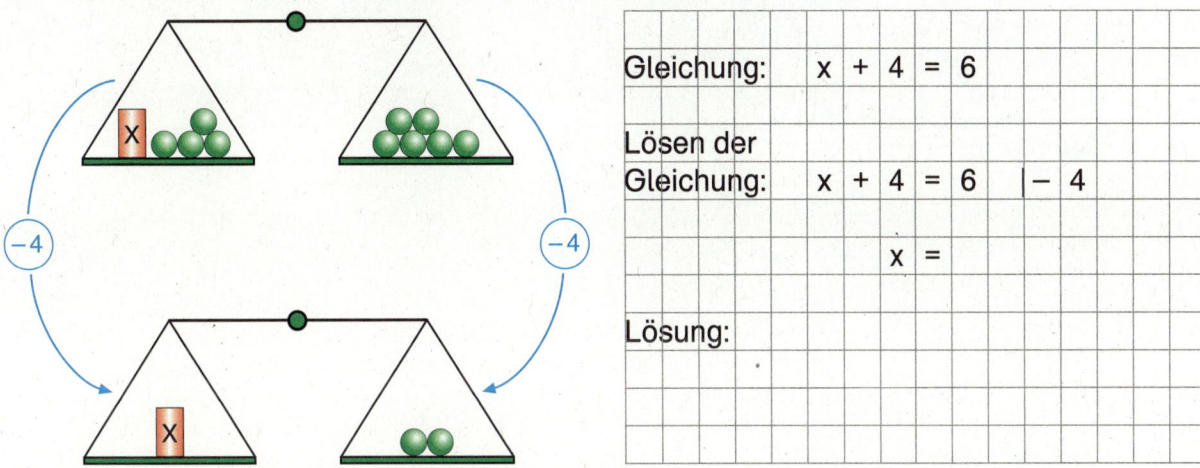

Gleichung: $x + 4 = 6$

Lösen der Gleichung: $x + 4 = 6 \quad | -4$

$x =$

Lösung:

2 Trage die Lösungsschritte in das Waagebild ein.
Vervollständige den Lösungsweg für die Gleichung.

a)

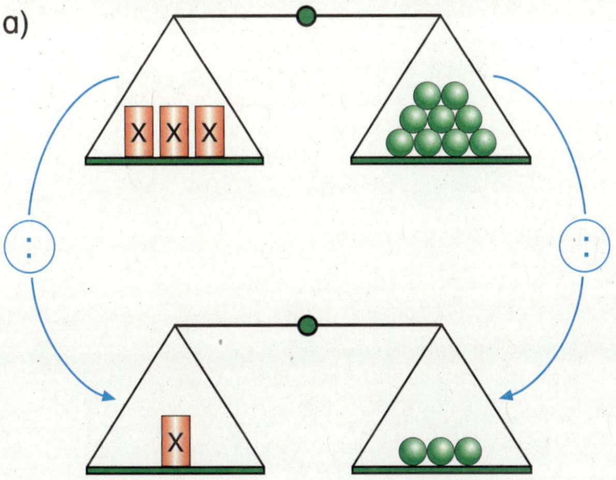

Gleichung: $3x = 9$

Lösen der Gleichung: $3x = 9 \quad | :$

Lösung:

b)

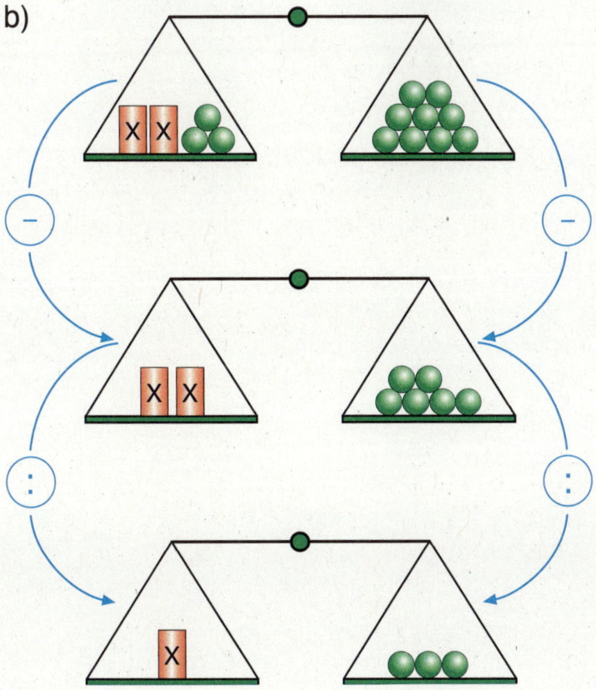

Gleichung: $2x + 3 = 9$

Lösen der Gleichung:

$2x + 3 = 9 \quad | -$

Lösung:

1 Wie schwer ist eine Frucht? Stelle eine Gleichung auf und löse sie.

a)

b)

2 Hier steht immer x für eine Zahl. Verbinde mit dem zugehörigen Rechenausdruck.

a)

Zu x wird 3 addiert.		x − 3
Das 3-fache von x.		x + 3
Von x wird 3 subtrahiert.		3 − x
x wird von 3 subtrahiert.		3x

b)

Der 5. Teil von x.		5x
Die Summe von 5 und x.		x − 5
Das 5-fache von x.		x : 5
Die Differenz von x und 5.		5 + x

3 Zum Rätsel wird schrittweise eine Gleichung aufgestellt.
Ergänze den letzten Schritt. Löse die Gleichung.

Ich denke mir eine Zahl, multipliziere sie mit 5, addiere 3 zum Ergebnis und erhalte 23.

		x				5	x	+	3	=	2	3		−
	5	x												
	5	x	+											
		=	2	3										

4 Stelle die Gleichung zum Rätsel schrittweise auf. Löse die Gleichung.

a)

Ich denke mir eine Zahl, multipliziere sie mit 6, subtrahiere 4 vom Ergebnis und erhalte 38.

b)

Ich denke mir eine Zahl, subtrahiere 7, addiere zum Ergebnis meine gedachte Zahl und erhalte 31.

1 Stelle eine Gleichung auf. Löse sie. Schreibe einen Antwortsatz.

Wie viel Euro kostet der Eintritt für ein Kind?

Eintritt für ein Kind:	x				
Eintritt für 4 Kinder:	4	x			
Eintritt für alle:					
Gleichung:					
Lösen der Gleichung:					

A: _____

Wie alt ist Nina, wie alt ist ihre Mutter?

Alter von Nina:					
Alter der Mutter:					
Zusammen:					
Gleichung:					
Lösen der Gleichung:					

A: _____

2 Welche der vier Gleichungen gehört zum Text? Löse sie. Schreibe einen Antwortsatz.

| 6x − 3 = 27 | 6x + 3 = 27 | 3x − 6 = 27 | 3x + 6 = 27 |

a)
> Frau Steltner kauft Gläser, das Stück für 3 €. Sie kann einen Gutschein über 6 € einlösen. Daher muss sie nur 27 € bezahlen. Wie viele Gläser kauft sie?

A: _____

b)
> Herr Wirtz kauft 6 große Tassen und einen Teller, der 3 € kostet. An der Kasse bezahlt er insgesamt 27 €. Wie viel Euro kostet eine Tasse?

A: _____

3
> Ein Tisch und vier Stühle kosten 480 €. Der Tisch kostet 40 € mehr als ein Stuhl. Bestimme die Einzelpreise.

A: _____

_____

1 Der Umfang des Dreiecks ist angegeben. Bestimme die fehlenden Seitenlängen mit einer Gleichung.

a)
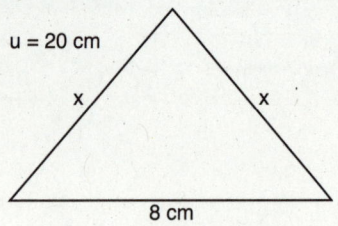
u = 20 cm

x   x

8 cm

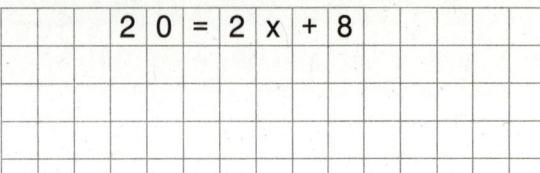
	2	0	=	2	x	+	8			

Seitenlängen: 8 cm, _____ cm, _____ cm

b)
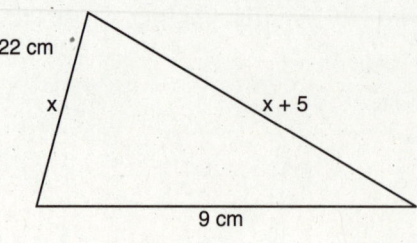
u = 22 cm

x   x + 5

9 cm

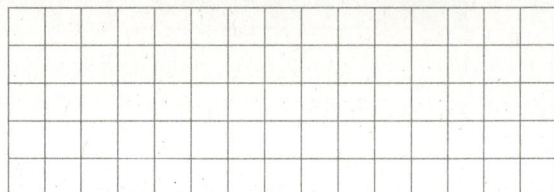

Seitenlängen: 9 cm, _____ cm, _____ cm

c)
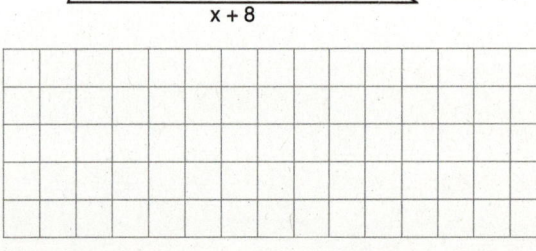
u = 48 cm

x   x + 7

x + 8

Seitenlängen: ____ cm, ____ cm, ____ cm

d)
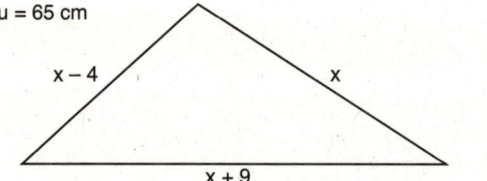
u = 65 cm

x − 4   x

x + 9

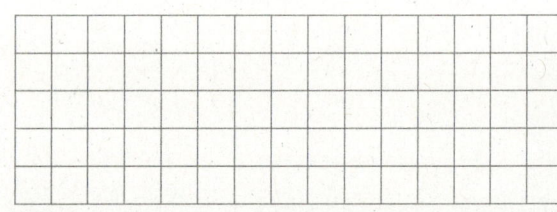

Seitenlängen: ____ cm, ____ cm, ____ cm

2 Der Flächeninhalt des Dreiecks ist angegeben. Bestimme die Länge der Grundseite g oder der Höhe h.

a)
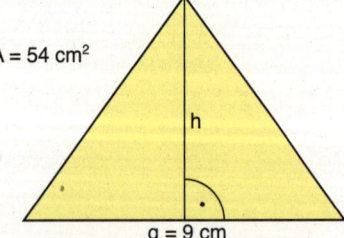
A = 54 cm²

h

g = 9 cm

$A = \dfrac{g \cdot h}{2}$

Höhe h: _____ cm

b)
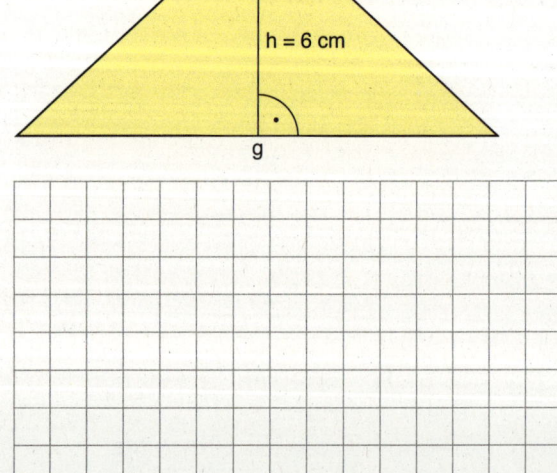
h = 6 cm

g

Grundseite g: _____ cm

1 Ein Zirkus wird von 4 800 Personen besucht. In der Tabelle steht, wie sich die Besucher auf die Altersgruppen verteilen.

Unter 16 Jahre	55 %
Von 16 bis 20 Jahre	15 %
Von 21 bis 65 Jahre	25 %
Über 65 Jahre	5 %

Wie viele Besucher gehören zu jeder Altersgruppe? Rechne, wenn nötig, in deinem Heft.

a)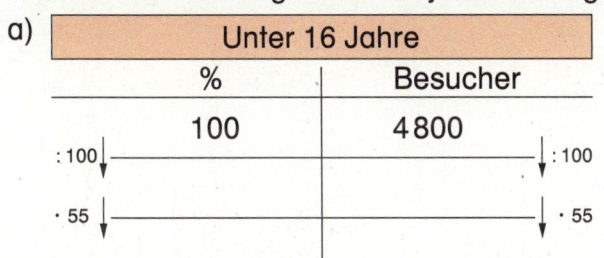

_____ Besucher

b)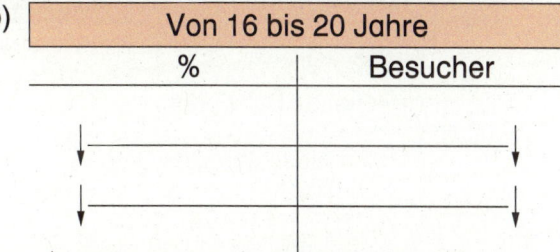

_____ Besucher

c)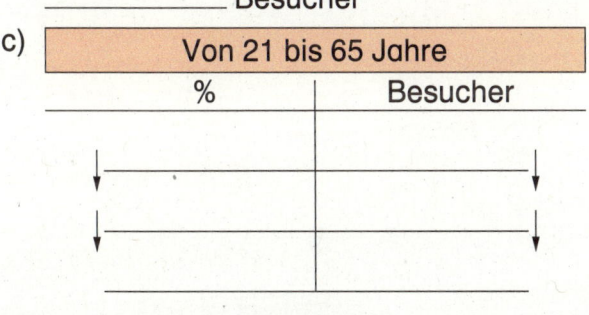

_____ Besucher

d)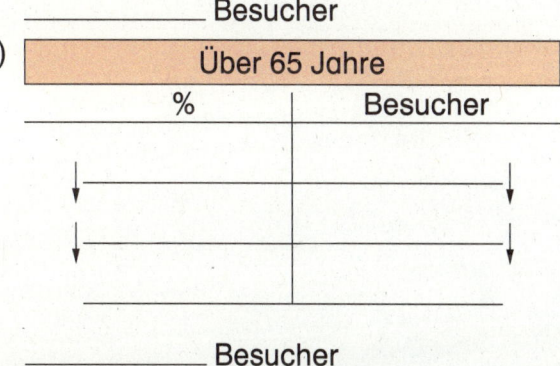

_____ Besucher

2 Von den 4 800 Zirkusbesuchern haben 10 % eine Freikarte.
Wie viele Personen besuchen den Zirkus mit einer Freikarte? Rechne im Kopf.

A: _____

3 Im Kopf oder schriftlich? Rechne, wenn nötig, in deinem Heft.

a) 10 % von 3 700 € = _____

20 % von 1 200 € = _____

99 % von 4 000 € = _____

15 % von 2 200 € = _____

b) 25 % von 4,20 m = _____

50 % von 8,52 m = _____

13 % von 3 m = _____

48 % von 2 m = _____

4 Immer drei Ergebnisse sind gleich. Verbinde.

30 % von 400 €	40 % von 30 €	6 % von 2 000 €
75 % von 16 000 €	60 % von 2 000 €	3 % von 40 000 €
4 % von 300 €	20 % von 60 000 €	75 % von 16 €
40 % von 3 000 €	40 % von 300 €	5 % von 240 000 €

1 Berechne den alten Preis.

a)

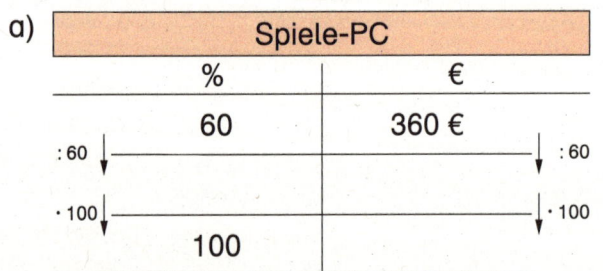

Spiele-PC	
%	€
60	360 €
100	

Alter Preis: _____ €

b)

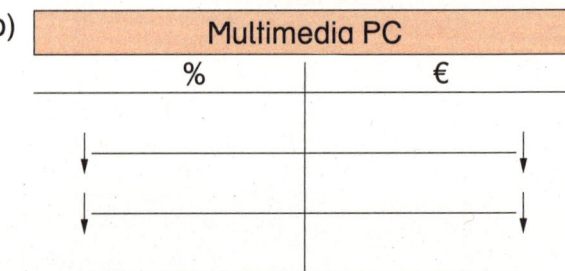

Multimedia PC	
%	€

Alter Preis: _____ €

c)

Netbook	
%	€

Alter Preis: _____ €

d)

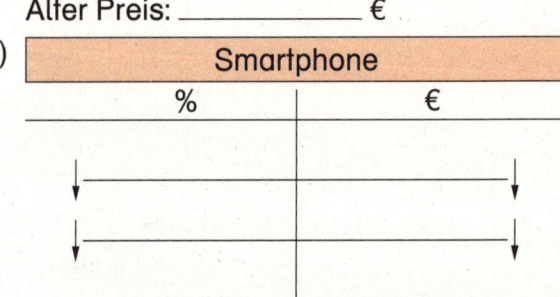

Smartphone	
%	€

Alter Preis: _____ €

e)

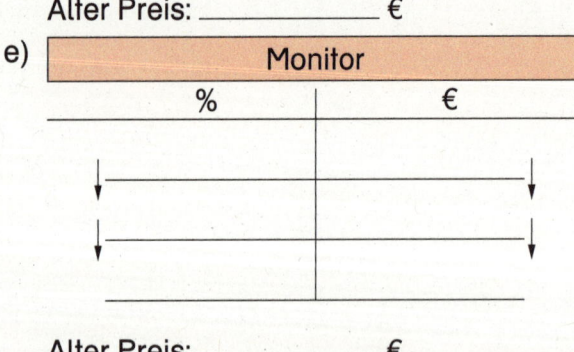

Monitor	
%	€

Alter Preis: _____ €

f)

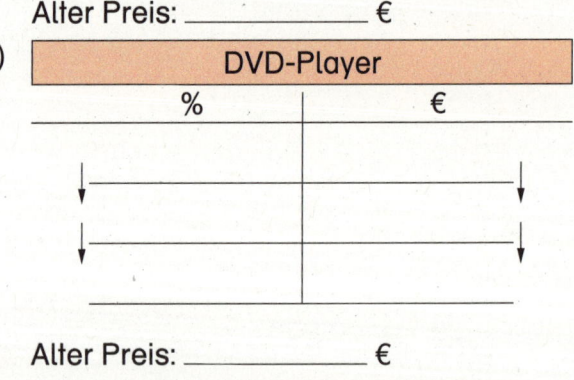

DVD-Player	
%	€

Alter Preis: _____ €

2 Bei einer Kontrolle fallen 10 % der überprüften Fahrräder wegen einer defekten Beleuchtung auf. Das sind 45 Fahrräder. Wie viele Fahrräder werden kontrolliert? Rechne im Kopf.

A: _____

3 Im Kopf oder schriftlich? Rechne, wenn nötig, in deinem Heft.

a) 10 % von _____ m = 87 m

20 % von _____ m = 70 m

90 % von _____ m = 63 m

18 % von _____ m = 36 m

b) 25 % von _____ kg = 12 kg

50 % von _____ kg = 27 kg

15 % von _____ kg = 15 kg

75 % von _____ kg = 36 kg

1

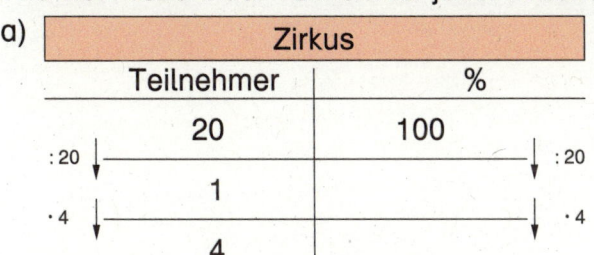

Arbeitsgemeinschaften in der Tanneck-Schule

	Zirkus	Gitarre	Schreiben am PC	Basketball
Teilnehmerzahl insgesamt	20	10	25	25
Aus der Jahrgangsstufe 9	4	3	11	14

Wie viel Prozent der Teilnehmer jeder Arbeitsgemeinschaft sind aus der Jahrgangsstufe 9?

a)

Zirkus	
Teilnehmer	%

20	100
: 20 ↓	↓ : 20
1	
· 4 ↓	↓ · 4
4	

_____ % aus Jahrgangsstufe 9

b)

Gitarre	
Teilnehmer	%

_____ % aus Jahrgangsstufe 9

c)

Schreiben am PC	
Teilnehmer	%

_____ % aus Jahrgangsstufe 9

d)

Basketball	
Teilnehmer	%

_____ % aus Jahrgangsstufe 9

2

Zwischenergebnisse müssen nicht immer ganze Zahlen sein.
Jana hat 400 Ansichtskarten gesammelt.
Sie hat 60 Karten aus Deutschland.
Die anderen Karten sind aus dem Ausland.
Wie viel Prozent aller Karten sind es jeweils?

Karten	%

_____ % der Karten sind aus Deutschland, _____ % der Karten sind aus dem Ausland.

3

Rechne, wenn nötig, in deinem Heft.

a) Der Eintritt in das Metropol-Kino kostet 8 €. Bei Überlänge des Films sind es 2 € mehr. Um wie viel Prozent erhöht sich der Preis?

   A: _____

b) Für die Nachmittagsvorstellung werden 200 Eintrittskarten verkauft, davon 140 an Besucher unter 15 Jahren. Wie viel Prozent der Besucher sind jünger als 15 Jahre?

   A: _____

4

Im Kopf oder schriftlich? Rechne, wenn nötig, in deinem Heft.

a) _____ % von 50 m = 35 m

   _____ % von 20 m = 8 m

   _____ % von 25 m = 7 m

b) _____ % von 250 € = 100 €

   _____ % von 240 € = 60 €

   _____ % von 500 € = 10 €

1 Ergänze die fehlenden Angaben. Rechne, wenn nötig, in deinem Heft.

	a)	b)	c)	d)	e)	f)
Grundwert G	650 m		300 m	240 m		500 m
Prozentsatz p	10 %	20 %		25 %	75 %	
Prozentwert P		70 m	150 m		300 m	400 m

2 Der Eintritt für eine Zirkusvorstellung kostet 12,50 €. Der ermäßigte Eintrittspreis beträgt 10,00 €.

a) Wie viel Prozent des normalen Eintrittspreises sind für eine ermäßigte Eintrittskarte zu bezahlen?

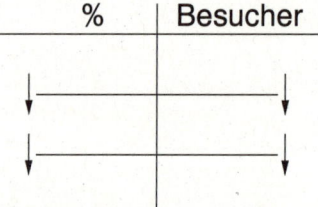 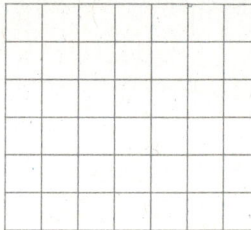

A: _____

b) Von 250 Besuchern zahlen 24 % den ermäßigten Eintrittspreis. Wie viele Besucher sind das?

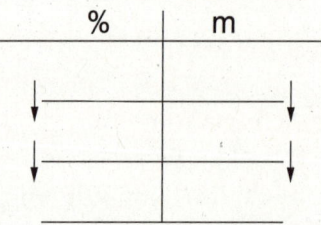 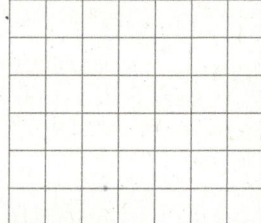

A: _____

_____

3 Von einem Fußweg sind schon 450 m fertiggestellt. Das sind 60 % der Gesamtlänge. Wie lang wird der Fußweg?

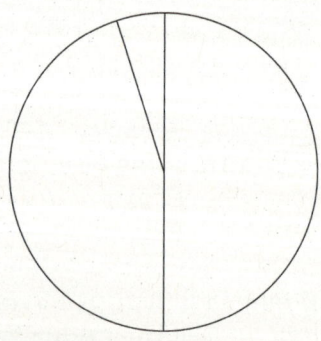 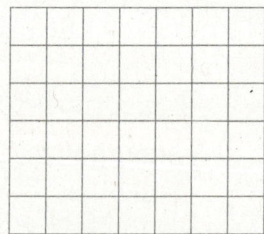

A: _____

_____

4 In der Tabelle steht, wie die 600 Beschäftigten eines Betriebs zur Arbeit kommen.

		Beschäftigte
Insgesamt	100 %	600
Mit dem Auto	50 %	
Mit dem Bus	25 %	
Mit dem Fahrrad	20 %	
Zu Fuß	5 %	

a) Ergänze die fehlenden Zahlen in der Tabelle. Rechne im Kopf.

b) Im Kreisdiagramm zur Darstellung der Anteile in der Tabelle fehlt noch eine Linie. Zeichne sie ein. Dann färbe die Teile passend zu den Farben der Tabelle.

c) Hier sind drei Streifendiagramme. Nur eines stellt die Anteile in der Tabelle richtig dar. Kreuze an.

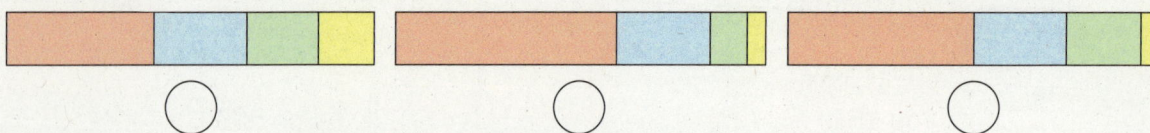

1 Bei vielen Reiseveranstaltern sind die Preise für Reisen in der Hauptsaison höher als der normale Reisepreis.
Wie hoch ist der Preis in der Hauptsaison?
Wähle selbst den Rechenweg.

a)

Mallorca	
%	€

Preis in der Hauptsaison: _____

b)

Kreta	
%	€

Preis in der Hauptsaison: _____

2

Auslaufmodelle! Alle Preise um 15% gesenkt!

Family-Van 20 500 €   Fun-Cabrio 23 900 €   Maestro 34 800 €   Salsa 14 900 €

Berechne den neuen Preis.
Wähle selbst den Rechenweg.

a)

Family-Van	
%	€

Neuer Preis: _____

b)

Fun-Cabrio	
%	€

Neuer Preis: _____

c)

Maestro	
%	€

Neuer Preis: _____

d)

Salsa	
%	€

Neuer Preis: _____

1 Berechne die Zinsen für ein Jahr. Der Zinssatz ist immer 3%.

a) Kapital: 400 €

%		€
: 100 ↓		↓ : 100
· 3 ↓		↓ · 3

Zinsen für ein Jahr: _____ €

b) Kapital: 2 500 €

%		€
↓		↓
↓		↓

Zinsen für ein Jahr: _____ €

2 Berechne die Zinsen für ein Jahr für ein Kapital von 8 000 €.
Rechne im Kopf.

Zinssatz	1 %	2 %	3 %	5 %	7 %	9 %
Zinsen für ein Jahr						

3 Berechne die Zinsen für ein Jahr und das Guthaben am Jahresende.

a)
Guthaben: 760 €
Zinssatz: 2%

%	€

Zinsen für ein Jahr: _____ €

Guthaben am Jahresende: _____ €

b)
Guthaben: 8 980 €
Zinssatz: 5%

%	€

Zinsen für ein Jahr: _____ €

Guthaben am Jahresende: _____ €

4 Die Zinsen für ein Jahr und der Zinssatz sind angegeben.
Berechne das Guthaben vor einem Jahr.

a)
Zinsen: 288 €
Zinssatz: 4%

%	€

Guthaben vor einem Jahr: _____ €

b)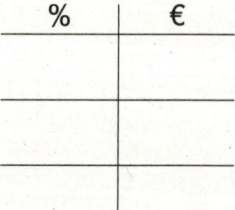
Zinsen: 78 €
Zinssatz: 3%

%	€

Guthaben vor einem Jahr: _____ €

Grundwert G	Prozentsatz p%	Prozentwert P	Formel: $P = G \cdot \frac{p}{100}$

$$G \xrightarrow{\quad \cdot \frac{p}{100} \quad} P \qquad\qquad p\% = \frac{p}{100}$$

1 Prüfe die Angaben für Grundwert, Prozentsatz und Prozentwert.
Führe die Rechnung mit der Formel zu Ende. Schreibe einen Antwortsatz.

a) Bei einer Befragung zur Nutzung ihres Autos gaben 85 % von 2 000 Autobesitzern an, dass sie das Auto für die Fahrt zur Arbeit nutzen.
Wie viele der Befragten fahren mit dem Auto zur Arbeit?

G = 2 000   p % = 85 %   P ist gesucht.

$P = G \cdot \frac{p}{100}$

$P = 2\,000 \cdot \frac{85}{100}$

P = _____

A: _____

b) Das neue Auto von Frau Fayeq verbraucht 15 % weniger Benzin als ihr altes Auto. Dadurch spart sie 1,2 l Benzin auf 100 km.
Wie viel Liter Benzin verbraucht ihr altes Auto auf 100 km?

G ist gesucht.   p % = 15 %   P = 1,2 l

$P = G \cdot \frac{p}{100}$

$1,2 = G \cdot \frac{15}{100}$ | · 100

$120 = G \cdot 15$ | : 15

_____ = G

A: _____

c) Der Preis für ein Navigationsgerät ist im Katalog mit 200 € angegeben.
Herr Dold bekommt das Gerät mit 18 € Preisnachlass.
Wie viel Prozent des angegebenen Preises spart Herr Dold?

G = 200 €   p ist gesucht.   P = 18 €

$P = G \cdot \frac{p}{100}$

$18 = 200 \cdot \frac{p}{100}$ | · 100

_____

_____ = p

A: _____

d) Der Listenpreis eines Neuwagens beträgt 20 800 €. Für eine Sonderausstattung müssen zusätzlich 1 040 € bezahlt werden.
Um wie viel Prozent erhöht sich dadurch der Preis des Wagens?

G = 20 800 €   p ist gesucht.   P = 1 040 €

$P = G \cdot \frac{p}{100}$

$1\,040 = 20\,800 \cdot \frac{p}{100}$

_____

_____ = p

A: _____

2 Was ist gegeben, was ist gesucht? Schreibe zu dem Diagramm eine passende Frage auf.
Setze in deinem Heft in die Formel ein. Schreibe einen Antwortsatz.

a) F: _____

A: _____

b) F: _____

A: _____

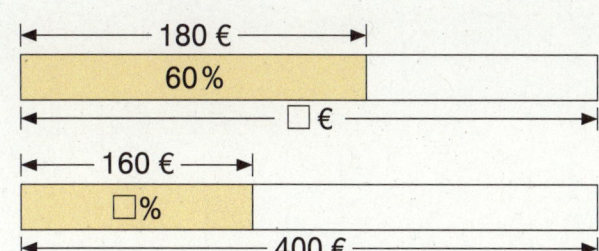

1 Trage für jeden Körper den Namen und die Anzahl seiner Flächen, Ecken und Kanten ein.

Name						
Flächen						
Ecken						
Kanten						

2 Welcher Körper passt zur Beschreibung? Trage den Namen ein.

Der Körper hat 2 dreieckige Flächen und 3 rechteckige Flächen.
_____

Der Körper hat keine Ecken und keine Kanten.
_____

Der Körper hat 2 gleich große Kreisflächen und eine gekrümmte Fläche.
_____

Die gegenüberliegenden Flächen des Körpers sind gleich große Rechtecke.
_____

Der Körper hat eine viereckige Fläche und 4 dreieckige Flächen.
_____

Der Körper hat eine Kreisfläche und eine gekrümmte Fläche.
_____

3 Welcher Körper entsteht aus welchem Netz? Verbinde.

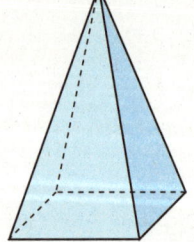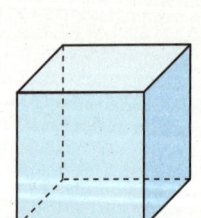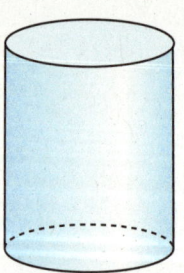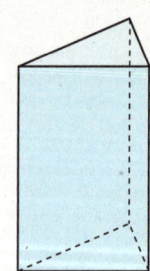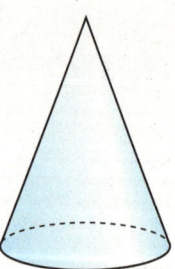

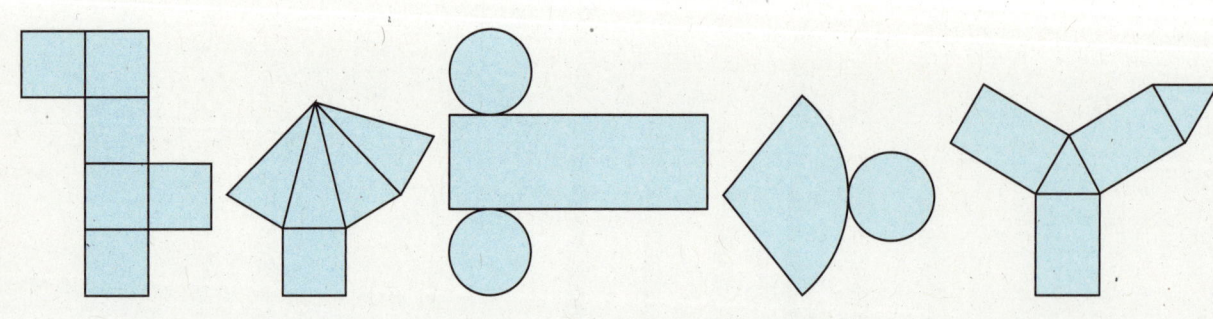

1 Berechne die Oberfläche der Pyramide.

Oberfläche = Grundfläche + Mantelfläche
Mantelfläche = 4 · Fläche des Dreiecks

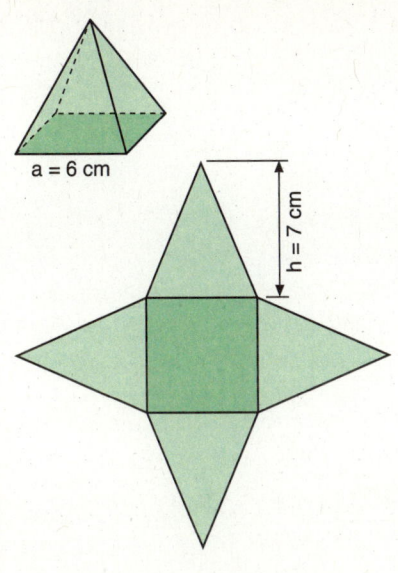

a = 6 cm

h = 7 cm

O	=	G	+	M
G	=			
M	=	4	·	A
A	=			
M	=			
O	=			

O = _____

2 Miss die Grundkante und die Dreieckshöhe.
Berechne die Oberfläche der Pyramide.

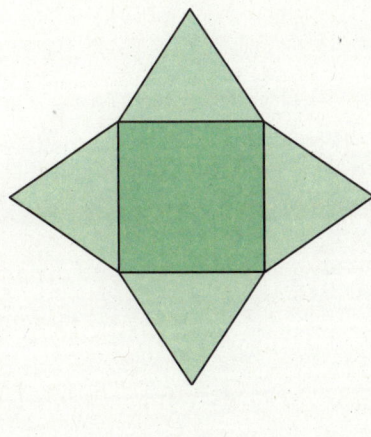

O = _____

3 Das Dach des Turmes soll neu eingedeckt werden. Wie groß ist die Dachfläche?

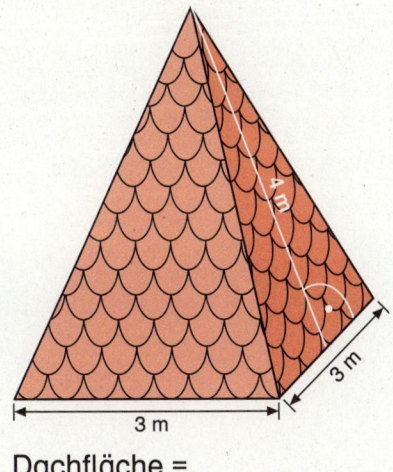

4 m

3 m

3 m

Dachfläche =

_____

1 Berechne das Volumen der Pyramide.

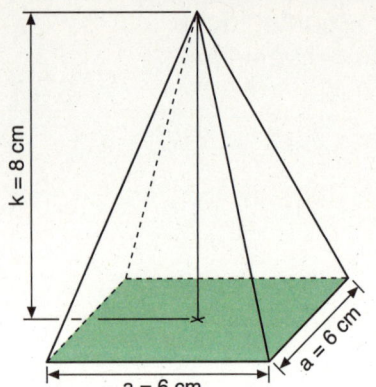

Volumen = Grundfläche mal Körperhöhe geteilt durch 3

$V = \dfrac{G \cdot k}{3}$

$G =$

$V =$

$V = $ _____

2 Berechne das Volumen der Pyramide.

a)
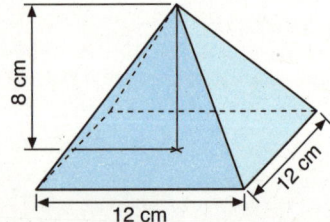

b)
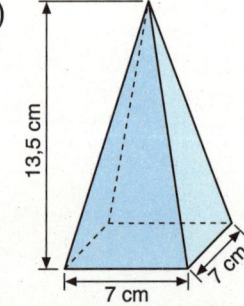

$V = $ _____

$V = $ _____

3 a) Mit der Pyramidenform wird eine Kerze gegossen.
Wie viel cm³ Wachs passen hinein?

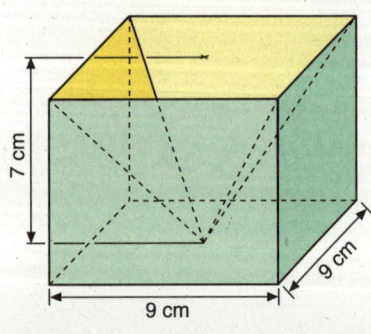

b) Wie viel cm³ Messing werden für die Herstellung des Briefbeschwerers verwendet?

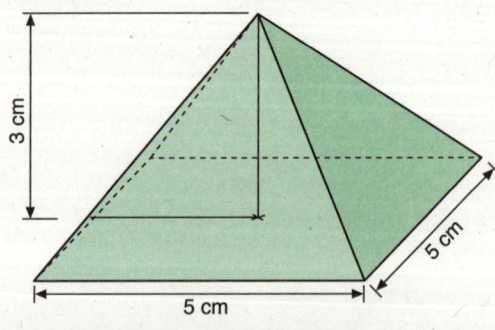

1 Berechne die Oberfläche des Kegels.

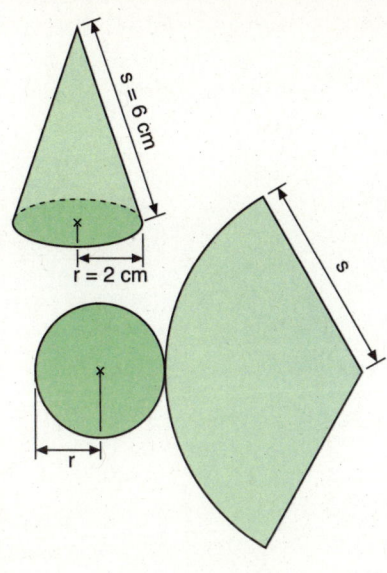

Oberfläche = Grundfläche + Mantelfläche
Grundfläche = $\pi \cdot r^2$
Mantelfläche = $\pi \cdot r \cdot s$

O	=	G	+	M
G	=			
M	=			
O	=			

O = _____

2 Miss im Netz des Kegels den Radius r und die Mantellinie s.
Berechne die Oberfläche des Kegels.

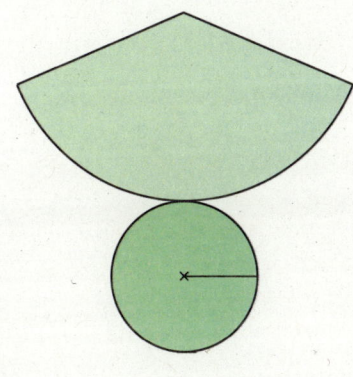

O = _____

3 Eine Pralinenpackung hat die Form eines Kegels. Die Oberfläche wird bedruckt.
Wie groß ist die Oberfläche?

O = _____

1 Berechne das Volumen des Kegels.

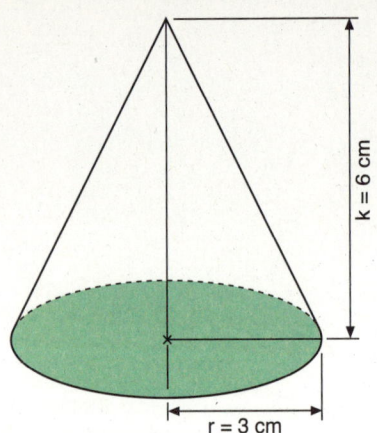

Volumen = Grundfläche mal Körperhöhe geteilt durch 3

$V = \dfrac{G \cdot k}{3}$

$G =$

$V =$

k = 6 cm

r = 3 cm

V = _____

2 Berechne das Volumen des Kegels.

a)

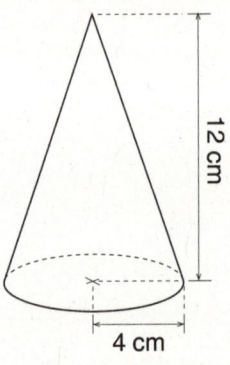

12 cm

4 cm

V = _____

b)

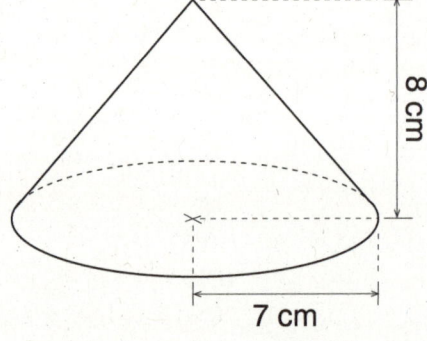

8 cm

7 cm

V = _____

3 a) Der Sandhaufen hat ungefähr die Form eines Kegels. Wie viel m³ Sand sind es?

1,50 m

3,60 m

b) Wie viel cm³ Gewürz sind kegelförmig aufgehäuft?

10 cm

7 cm

1 Berechne die Oberfläche der Kugel.

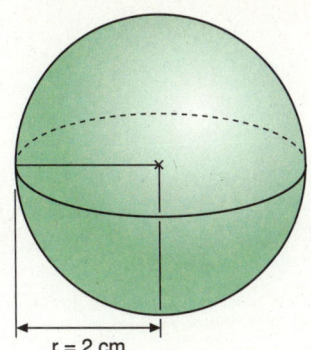

r = 2 cm

O = _____

Oberfläche = 4 · π · r²

O =

2 Berechne die Oberfläche der Kugel.

a)

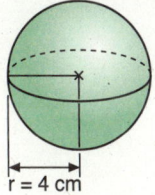

r = 4 cm

O = _____

b)

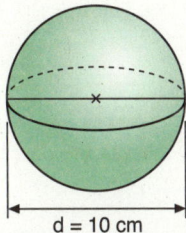

d = 10 cm

O = _____

3 Berechne jeweils die Oberfläche.

a)

r = 2,3 cm

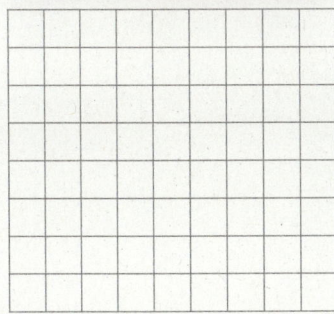

O = _____

b)

r = 3,2 cm

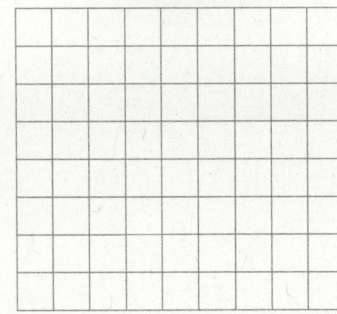

O = _____

c)

r = 1,9 cm

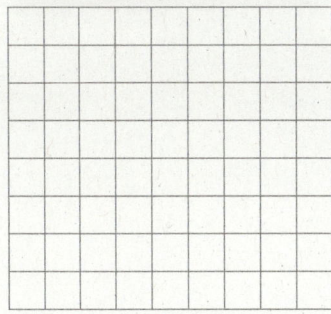

O = _____

1 Berechne das Volumen der Kugel.

$$\text{Volumen} = \frac{4}{3} \cdot \pi \cdot r^3$$

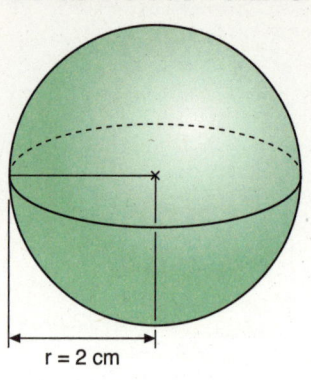

r = 2 cm

V = _____

V =

2 Berechne das Volumen der Kugel.

a)

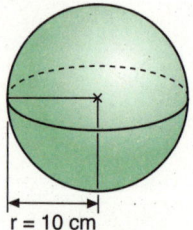

r = 10 cm

b)

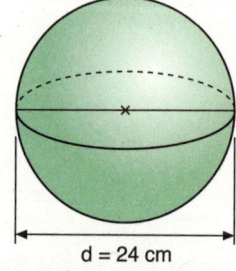

d = 24 cm

V = _____

V = _____

3 a) Die Vase hat die Form einer Kugel, die oben offen ist. Berechne das Volumen der Kugel.

d = 15 cm

b) Die Apfelsine ist annähernd eine Kugel. Berechne das Volumen.

d = 9 cm

V = _____

V = _____

1 Berechne das Volumen des zusammengesetzten Körpers.

a)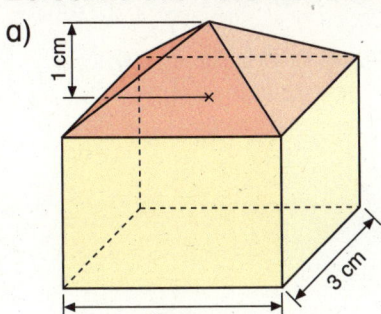

Quader:	$V_Q =$
Pyramide:	$V_P =$

Volumen des zusammengesetzten Körpers: _____

b)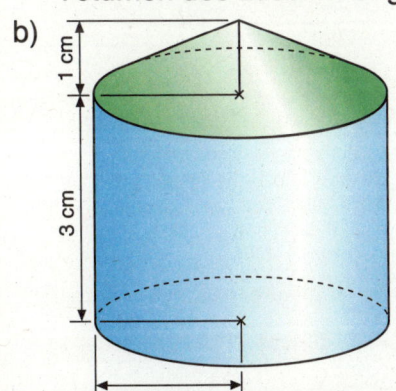

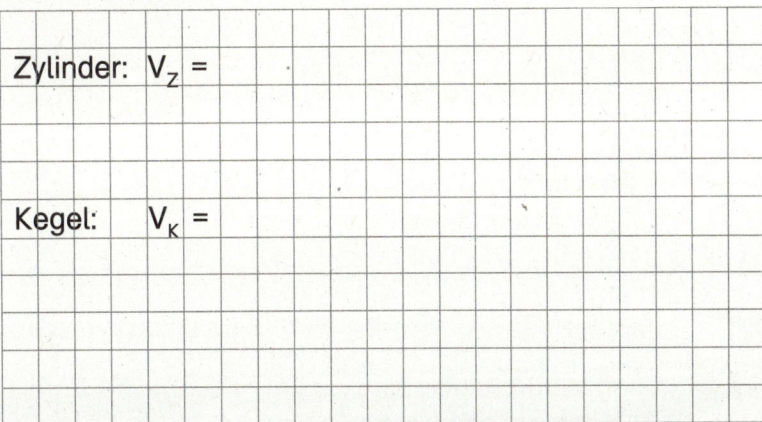

Zylinder:	$V_Z =$
Kegel:	$V_K =$

Volumen des zusammengesetzten Körpers: _____

c)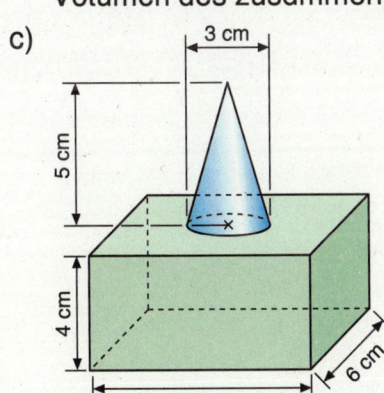

Quader:	$V_Q =$
Kegel:	$V_K =$

Volumen des zusammengesetzten Körpers: _____

2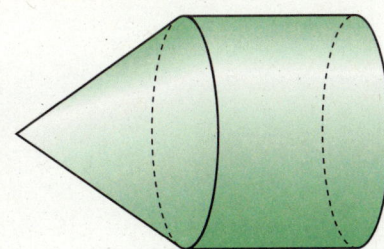

Die Körperhöhen des liegenden Zylinders und des liegenden Kegels sind gleich groß.
Das Volumen des Zylinders beträgt 72 cm³.
Wie groß ist das Volumen des Kegels?

A: _____

1 Vom Bruttolohn werden die Steuern und die Sozialversicherungsbeiträge abgezogen. Was
bleibt, wird als Nettolohn ausbezahlt.
Der Prozentsatz für die Steuer ist abhängig von Familienstand und Einkommen.
Der Prozentsatz für die Sozialversicherungen ist immer derselbe. Wir rechnen mit 21 %.

a) Berechne in deinem Heft die Abzüge und trage sie in den Rechenplan ein.
Berechne dann den Nettolohn und trage ihn ein.

Herr Schneider	
Bruttolohn:	2 200 €
Steuern:	
17 % von 2 200 €	_____ €
Sozialversicherungen:	
21 % von 2 200 €	_____ €
Nettolohn:	_____ €

Frau Moskatova	
Bruttolohn:	2 900 €
Steuern:	
20 % von 2 900 €	_____ €
Sozialversicherungen:	
21 % von 2 900 €	_____ €
Nettolohn:	_____ €

Herr Ünsal	
Bruttolohn:	1 700 €
Steuern:	
13 % von _____ €	_____ €
Sozialversicherungen:	
21 % von _____ €	_____ €
Nettolohn:	_____ €

Frau Ide	
Bruttolohn:	2 400 €
Steuern:	
25 % von _____ €	_____ €
Sozialversicherungen:	
21 % von _____ €	_____ €
Nettolohn:	_____ €

b) In den Diagrammen sind für jede Person die Anteile am Bruttolohn dargestellt.
Trage die Farben für die Anteile ein. Dann ordne die Namen der Personen zu.

Sozialversicherungen: _____ Steuern: _____ Nettolohn: _____

2 Rechne in deinem Heft.

a) Der Nettolohn von Herrn Greve beträgt 1 608 €. Das sind 67 % seines Bruttolohns.
Wie hoch ist der Bruttolohn von Herrn Greve?

A: _____

b) Frau Berg bekommt 1 794 € Lohn ausbezahlt. Vom Bruttolohn werden ihr für Steuern
und Sozialabgaben 31 % abgezogen. Wie hoch ist der Bruttolohn von Frau Berg?

A: _____

Farblaserdrucker 550 €

Super-PC 840 €

Externe Festplatte, 2 TB 120 €

Notebook 670 €

Bei Barzahlung 4% Preisnachlass!

Bei Zahlung in einem Jahr nur 12% Aufschlag

1 Berechne immer den Preis bei Barzahlung und den Preis bei Zahlung in einem Jahr. Rechne in deinem Heft. Trage in den Rechenplan ein.

a) Farblaserdrucker

Barzahlung
Preis: _____ €
Preisnachlass:
4 % von _____ € = _____ €
Preis bei Barzahlung: _____ €

Zahlung in einem Jahr
Preis: _____ €
Aufschlag:
12 % von _____ € = _____ €
Preis bei Zahlung in einem Jahr: _____ €

b) Externe Festplatte

Barzahlung
Preis: _____ €
Preisnachlass:
4 % von _____ € = _____ €
Preis bei Barzahlung: _____ €

Zahlung in einem Jahr
Preis: _____ €
Aufschlag:
12 % von _____ € = _____ €
Preis bei Zahlung in einem Jahr: _____ €

c) Notebook

Barzahlung
Preis: _____ €
Preisnachlass:
4 % von _____ € = _____ €
Preis bei Barzahlung: _____ €

Zahlung in einem Jahr
Preis: _____ €
Aufschlag:
12 % von _____ € = _____ €
Preis bei Zahlung in einem Jahr: _____ €

d) Super PC

Barzahlung
Preis: _____ €
Preisnachlass:
4 % von _____ € = _____ €
Preis bei Barzahlung: _____ €

Zahlung in einem Jahr
Preis: _____ €
Aufschlag:
12 % von _____ € = _____ €
Preis bei Zahlung in einem Jahr: _____ €

1

a) Berechne die Höhe einer Monatsrate für die Möglichkeit 10/10.
Rechne in deinem Heft. Trage in den Rechenplan ein.

Super-Bike	
Preis:	_____ €
Aufschlag:	
10 % von _____ € =	_____ €
Gesamtkosten:	_____ €
Monatsrate:	_____ €

City-Star	
Preis:	_____ €
Aufschlag:	
10 % von _____ € =	_____ €
Gesamtkosten:	_____ €
Monatsrate:	_____ €

b) Berechne die Höhe einer Monatsrate für die Möglichkeit 20/20.

Super-Bike	
Preis:	_____ €
Aufschlag:	
20 % von _____ € =	_____ €
Gesamtkosten:	_____ €
Monatsrate:	_____ €

City-Star	
Preis:	_____ €
Aufschlag:	
20 % von _____ € =	_____ €
Gesamtkosten:	_____ €
Monatsrate:	_____ €

2 Berechne für jedes Angebot den Gesamtbetrag, der zurückgezahlt werden muss.

Cash 4U

Geld zum Mitnehmen
1 000 € zu 14 %
Bearbeitungsgebühr nur 40 €

Kredit:	1 000 €
Zinsen: 14 % von 1 000 € =	_____ €
Bearbeitungsgebühr:	_____ €
Gesamtbetrag:	_____ €

Kredit-Bank

Wunschkredit
1 000 € zu 13 %
Nur 2 % Bearbeitungsgebühr

Kredit:	1 000 €
Zinsen: 13 % von 1 000 € =	_____ €
Bearbeitungsgebühr: 2 % von 1 000 €	_____ €
Gesamtbetrag:	_____ €

1 Ramona stellt einen Haushaltsplan für einen Monat auf.
Dazu hat sie Rechenpläne erstellt.

a) Berechne in deinem Heft für jeden Rechenplan die Einnahmen oder Ausgaben in einem Monat.
Trage sie in die Tabelle ein.

A: _____

b) Berechne die Summe der Einnahmen und die Summe der Ausgaben.
Wie viel Euro bleiben am Ende eines Monats für zusätzliche oder unvorhergesehene Ausgaben übrig?

A: _____

Beschreibung	Einnahmen	Ausgaben
Arbeitslohn netto		
Miete, Neben-kosten, Essen		
Versicherungen und Sparen		
Zusätzliche Einnahmen		
Sport und Freizeit		
Sonstiges		
Summe		

Arbeitslohn
Bruttolohn: 1 250 €

Steuern:
17 % von 1 250 € _____ €

Sozialversicherungen:
21 % von 1 250 € _____ €

Nettolohn: _____ €

Miete, Nebenkosten, Essen
Anteil an der Miete und den Nebenkosten 120 €

Für Essen und Trinken
$\frac{1}{5}$ des Nettolohns _____ €

Insgesamt: _____ €

Versicherungen und Sparen
Haftpflichtversicherung: 8 €

Unfallversicherung 14 €

Sparvertrag: 70 €

In die Spardose: 60 €

Insgesamt: _____ €

Zusätzliche Einnahmen
Nebenjob als Babysitterin
4-mal im Monat je 3 Stunden,
für eine Stunde 6 € _____ €

Zuschuss von den Großeltern 50 €

Insgesamt: _____ €

Sport und Freizeit
Fitness-Studio
Jahresvertrag 420 € _____ €

DVD-Ausleihe, Bücher 15 €

Kino: 20 €

Insgesamt: _____ €

Sonstiges
Monatskarte für die Fahrt zur Arbeit 86 €

Handyvertrag 24 €

Kostenanteil für Internet, Festnetz-Telefon, TV 24 €

Insgesamt: _____ €

c) Auf welche von Ramonas Ausgaben könntest du verzichten?

A: _____

d) Welche Ausgaben, die dir wichtig erscheinen, hat Ramona nicht aufgeschrieben?

A: _____

Zahlen und Operationen

1 Wie heißt die Zahl bei der Fahne? Kreuze an.

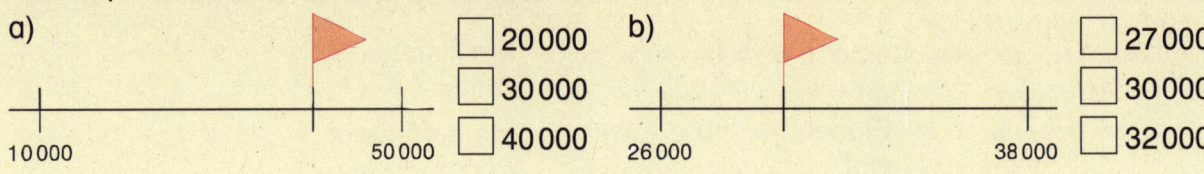

a)
☐ 20 000
☐ 30 000
☐ 40 000

b)
☐ 27 000
☐ 30 000
☐ 32 000

2 Die Zahlen in jedem Stockwerk ergeben zusammen die Zahl im Dach.

a)
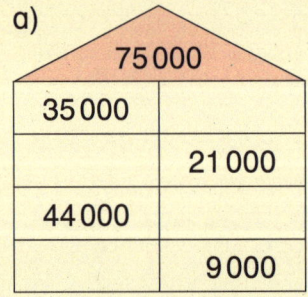

75 000	
35 000	
	21 000
44 000	
	9 000

b)
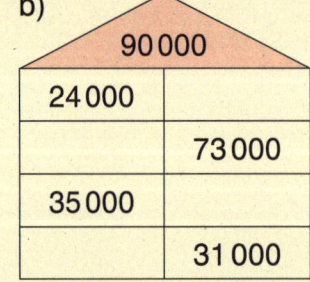

90 000	
24 000	
	73 000
35 000	
	31 000

c)

150 000		
55 000		5 000
	25 000	84 000
36 000	9 000	
17 000		92 000

3 Setze die Zahlenreihe fort.

a)

15,5	15,7		16,1				17,1

b)

	28,5	28,2					26,4

c)

−3,7	−3,2			−1,7			

4 Welche der beiden Aufgaben hat das größere Ergebnis?
Kreuze den zugehörigen Buchstaben an.
Du erhältst zwei Lösungswörter.

a) 7 · 6 + 9   (O)   670 − 230   (S)   2 · 700   (F)   6 · 800   (A)
   8 + 8 − 8   (R)   3 · 90   (A)   3000 : 2   (L)   70 · 70   (O)

b) 560 : 7   (R)   3590 − 700 (I)   6 · 600   (R)   2500 · 2   (N)
   30 · 3   (B)   2400 + 900 (E)   2750 + 530 (S)   12000 − 9000 (M)

Lösungswort: a) ☐☐☐☐   b) ☐☐☐☐

5 Setze +, −, · oder : so ein, dass die Aufgaben stimmen.

a) 9 ☐ 2 = 3 ☐ 15   b) 4 ☐ 3 ☐ 2 = 24   c) 500 ☐ 6 ☐ 10 = 300
   50 ☐ 10 = 70 ☐ 10   300 ☐ 10 ☐ 20 = 50   8000 ☐ 40 ☐ 40 = 240
   25 ☐ 5 = 60 ☐ 2   40 ☐ 5 ☐ 2 = 100   4000 ☐ 8 ☐ 2 = 1000

6 Ergänze die fehlenden Ziffern.

a)
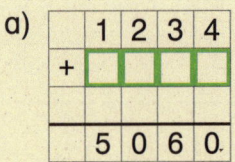

```
   1 2 3 4
 +   ☐ ☐ ☐
 ─────────
   5 0 6 0
```

b)
```
   3 ☐ 7 ☐ 2
 + ☐ 4 ☐ 6 3
 ───────────
   6 2 9 0 ☐
```

c)
```
   8 7 6 5
 − ☐ ☐ ☐ ☐
 ─────────
   5 2 9 0
```

d)
```
   7 1 5 ☐ 2
 − 3 ☐ 4 5
 ───────────
   ☐ 6 ☐ 4 2
```

1

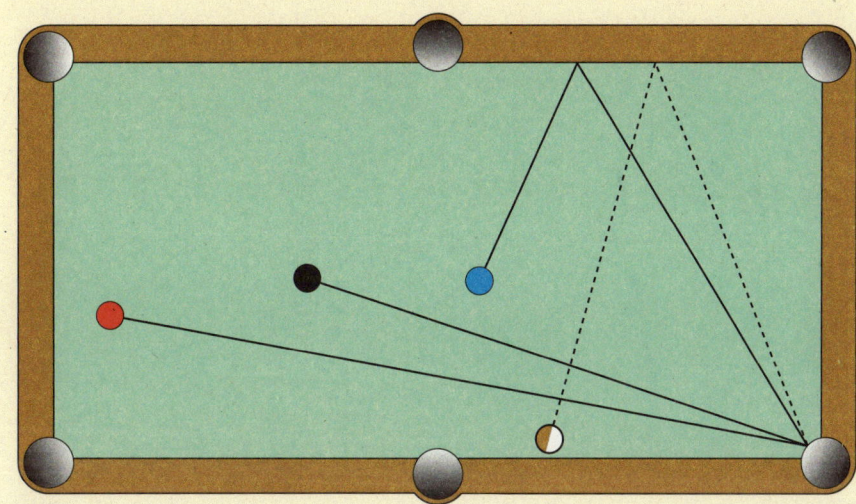

Farbe der Kugel	rot	blau	schwarz	braun-weiß
Länge in der Zeichnung	cm	cm	cm	cm
Länge in der Wirklichkeit	cm	cm	cm	cm
	m	m	m	m

a) Miss für jede Kugel die Länge des Weges in der Zeichnung. Trage in die Tabelle ein.

b) Der Billardtisch ist im Maßstab 1 : 20 abgebildet. Berechne für jede Kugel die Länge des Weges in der Wirklichkeit. Trage in die Tabelle ein. Wandle um in Meter.

2 Immer drei Angaben sind gleich. Färbe mit der gleichen Farbe.

a)

25 cm	500 m	$\frac{3}{4}$ kg
$\frac{1}{4}$ m	0,25 m	750 g
$\frac{1}{2}$ km	0,75 kg	0,5 km

b)

400 mm	40 cm	500 ml
60 min	3 600 s	1 h
500 cm³	0,4 m	0,5 l

3 Setze sinnvolle Maßeinheiten ein.

Feride wohnt 8 _____ von der Schule entfernt. Die Busfahrt dorthin dauert 9 _____

und kostet 140 _____. Eine Monatskarte kostet 26 _____.

Da Feride vom Busbahnhof zum Schulgebäude noch 200 _____ weit gehen muss, soll

ihre Schultasche nie schwerer als 6 _____ sein. Das ist oft schwierig, da einige Bücher

über 500 _____ wiegen.

4 Vervollständige die Tabelle.
Frau Rumleit geht um 7.50 Uhr zum Bahnhof. Ihr Zug fährt 21 Minuten später ab und kommt nach 54 Minuten Fahrzeit im Bahnhof Emden an.

Abfahrt	
Fahrzeit	
Ankunft	

1 Wie viele Flächen hat der Körper?

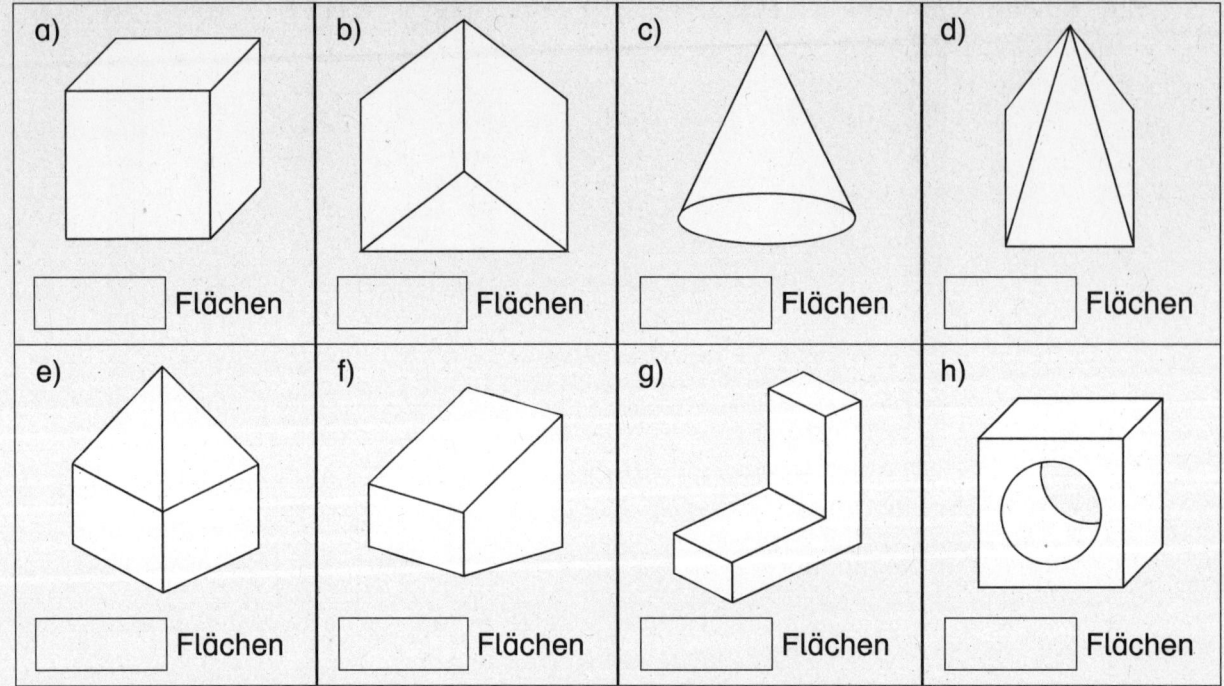

a) _____ Flächen

b) _____ Flächen

c) _____ Flächen

d) _____ Flächen

e) _____ Flächen

f) _____ Flächen

g) _____ Flächen

h) _____ Flächen

2 Welcher Körper gehört zum Netz? Kreuze an.

a)

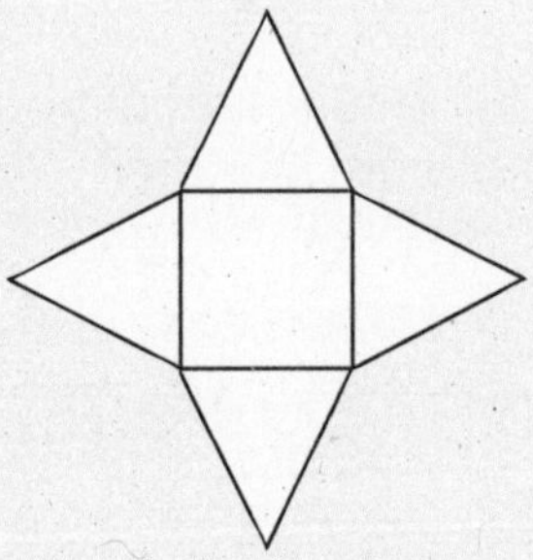

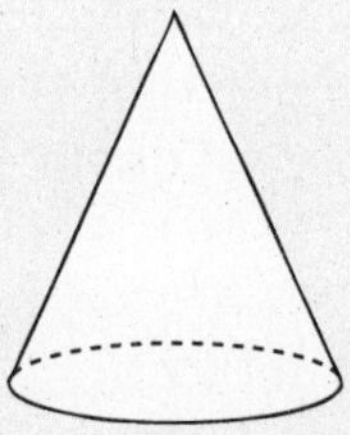

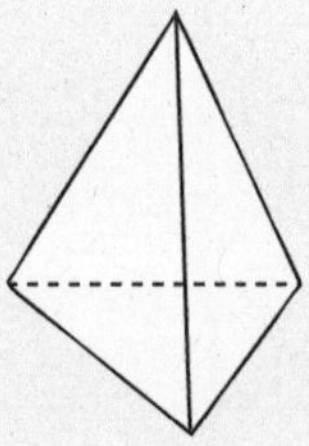

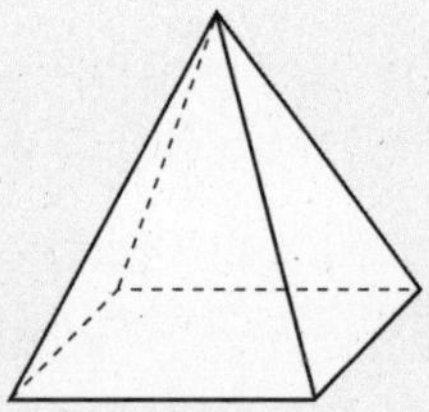

b)

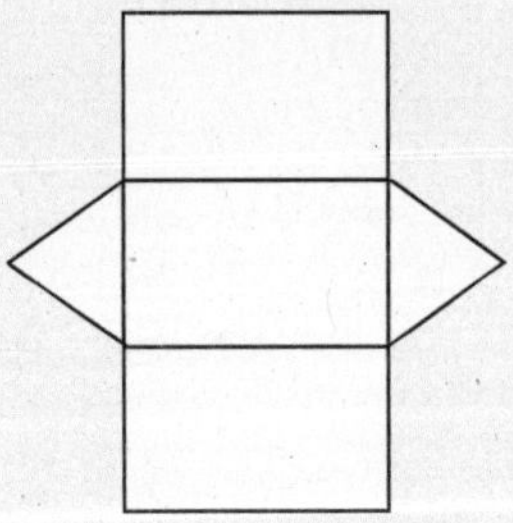

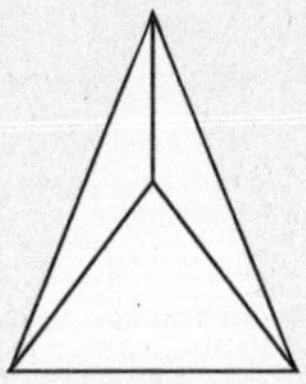

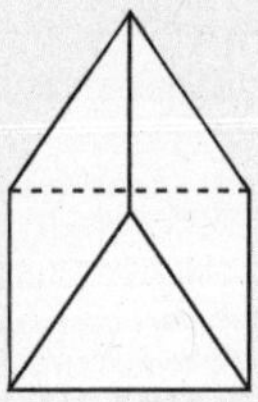

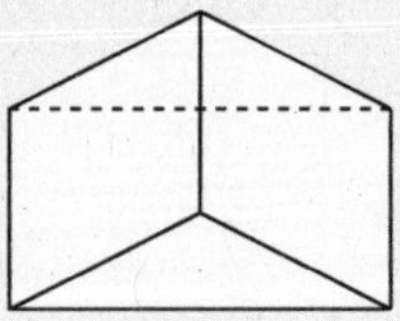

c)

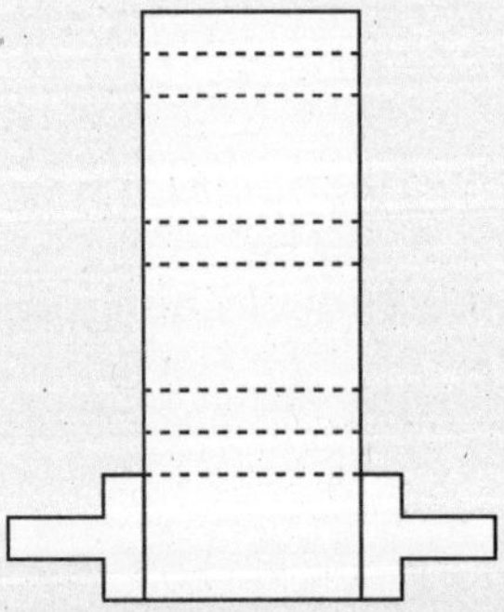

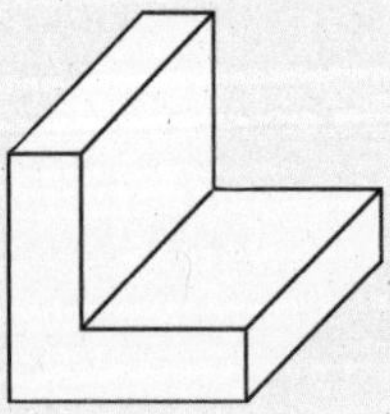

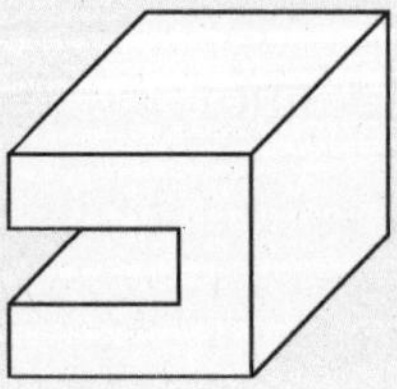

1

a)	100	110	130	160				

b)	−800	−795	−785	−770				

c)	0,2	0,4	0,8	1,6				

2 Setze die Reihe fort.

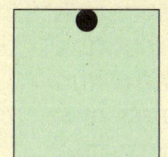 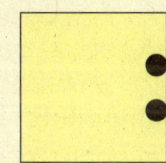 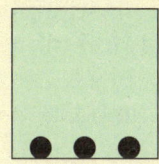   

3 Setze fort.

a) 8,4 + 1,2 = 9,6   b) 7,1 − 1,9 = ____   c) 1,2 · 2 = ____   d) 9,8 : 2 = ____

   8,3 + 1,3 = ____   7,2 − 2,0 = ____   1,3 · 3 = ____   9,6 : 2 = ____

   8,2 + 1,4 = ____   7,3 − ___ = ____   1,4 · 4 = ____   ___ : 2 = ____

   ___ + ___ = ____   ___ − ___ = ____   ___ · ___ = ____   ___ : _ = ____

4 Vervollständige die Preistabelle.

a) Äpfel

kg	1	2	3	4	5
€		6,40			

b) Käse

g	500	400	300	200	100
€		3,60		1,80	

5 Pfleger im Zoo betreuen Pinguine.

a) Vervollständige die Tabelle.

b) Eine der Tabellen gehört zu einer proportionalen Zuordnung. Vervollständige dazu das Schaubild.

Fütterungsdauer	
Tage	min
1	75
2	
3	
4	
5	

Reinigungsarbeiten	
Pfleger	min
1	360
2	180
3	
4	
5	

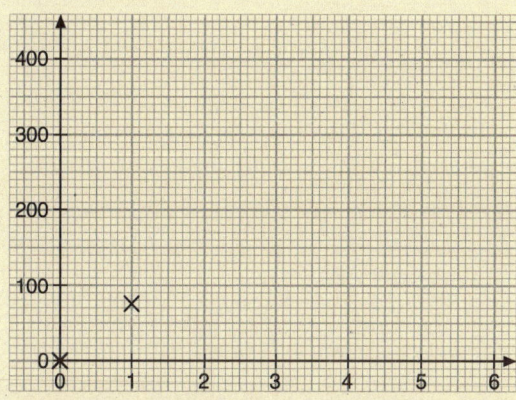

6 Im Zoo lebende Pinguine brauchen besonderes Futter. Für 12 Pinguine werden täglich 6 000 g Spezialfutter benötigt.

Wie viel Kilogramm benötigen 20 Pinguine je Tag?

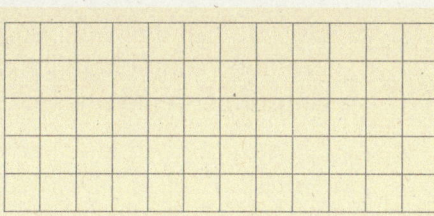

A: _____

1 400 Jugendliche werden gefragt:
„Welches Schulfach ist für dich das wichtigste?"
Das Fach Mathematik wird von 225 Befragten genannt.
Für ein Viertel der Jugendlichen ist Deutsch das wichtigste Schulfach.
Das Fach Arbeitslehre erhält 50 Stimmen.
Die restlichen Stimmen entfallen auf andere Fächer.
Kennzeichne im Kreisdiagramm die Anteile der Fächer mit den entsprechenden Farben.

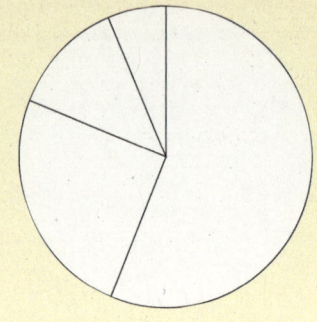

2 Zukunftspläne der 64 Schülerinnen und Schüler eines Abschlussjahrgangs:
50 % der Jugendlichen möchten weiterhin eine Schule besuchen. $\frac{3}{8}$ der Befragten streben eine sofortige Berufsausbildung an. Die anderen Schüler sind noch unentschlossen.

a) Erstelle zu den Angaben im Text ein Kreisdiagramm und ein Säulendiagramm.

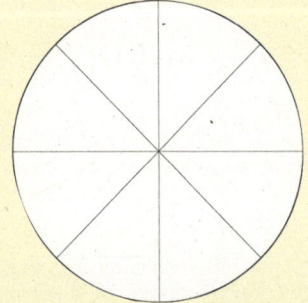
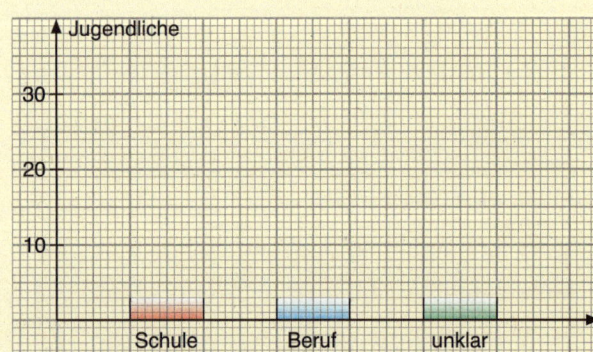

b) In welchem der beiden Diagramme kannst du die Anteile besser erkennen?

A: _____

3 Glücksräder werden gedreht. Rot gewinnt. Die Gewinnchance soll immer 50 % betragen.
Färbe die Glücksräder entsprechend. Stelle verschiedene Möglichkeiten dar.

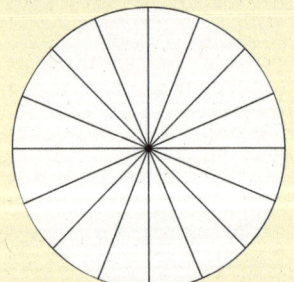
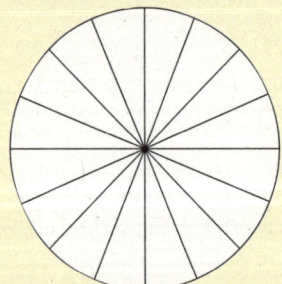
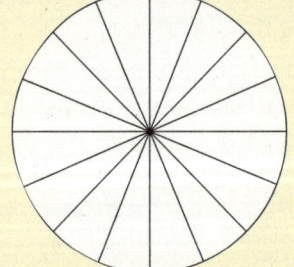
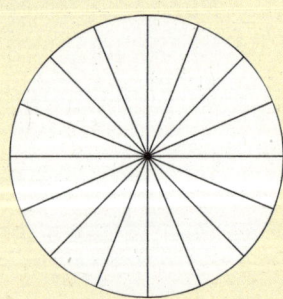

4 Du würfelst mit einem roten und einem grünen Würfel.

a) Trage in die Tabelle die Summe der gewürfelten Zahlen ein. Färbe blau die Felder mit ungerader Summe und gelb die Felder mit gerader Summe.

b) Gerade Summe oder ungerade Summe: Welche Wahrscheinlichkeit ist größer? Begründe deine Antwort.

+	1	2	3	4	5	6
1						
2						
3						
4						
5						
6						

A: _____